重庆市
雷电灾害风险区划研究

CHONGQING SHI LEIDIAN ZAIHAI FENGXIAN QUHUA YANJIU

重庆市防雷中心　编著

U0310392

气象出版社
China Meteorological Press

图书在版编目（CIP）数据

重庆市雷电灾害风险区划研究 / 重庆市防雷中心编
著 . -- 北京：气象出版社，2019.10
ISBN 978-7-5029-7052-9

Ⅰ．①重… Ⅱ．①重… Ⅲ．①雷－气象灾害－气候区
划－重庆②闪电－气象灾害－气候区划－重庆 Ⅳ．
① P427.32 ② P468.271.9

中国版本图书馆 CIP 数据核字（2019）第 206789 号

重庆市雷电灾害风险区划研究

出版发行：气象出版社

地　　址：北京市海淀区中关村南大街 46 号		邮政编码：100081	
电　　话：010-68407112（总编室）　010-68408042（发行部）			
网　　址：http://www.qxcbs.com		E-mail：qxcbs@cma.gov.cn	
责任编辑：颜娇珑		终　　审：吴晓鹏	
责任校对：王丽梅		责任技编：赵相宁	
封面设计：楠竹文化			
印　　刷：三河市君旺印务有限公司			
开　　本：787mm×1092mm　1/16		印　　张：6	
字　　数：143 千字			
版　　次：2019 年 10 月第 1 版		印　　次：2019 年 10 月第 1 次印刷	
定　　价：48.00 元			

⚡ 序

我国是世界上自然灾害最为严重的国家之一，灾害种类多，分布地域广，发生频率高，造成损失重，这是一个基本国情。中华人民共和国成立以来特别是改革开放以来，我们不断探索，确立了以防为主、防抗救相结合的工作方针，国家综合防灾减灾救灾能力得到全面提升。要总结经验，进一步增强忧患意识、责任意识，坚持以防为主、防抗救相结合，坚持常态减灾和非常态救灾相统一，努力实现从注重灾后救助向注重灾前预防转变，从应对单一灾种向综合减灾转变，从减少灾害损失向减轻灾害风险转变，全面提升全社会抵御自然灾害的综合防范能力。

从气象灾害预防的角度，《气象灾害防御条例》（中华人民共和国国务院令第570号）规定了要开展气象灾害普查，建立气象灾害数据库，按照气象灾害的种类进行气象灾害风险评估，并根据气象灾害分布情况和气象灾害风险评估结果，划定气象灾害风险区域；《重庆市气象灾害防御条例》也规定，要定期开展气象灾害普查，建立气象灾害数据库，进行气象灾害风险评估，并根据气象灾害分布情况和气象灾害风险评估结果，编制气象灾害风险区划。

雷电是一种严重的气象灾害，也是大气电学研究的重要内容之一，雷击易造成人员伤亡和财产损失，严重影响经济与社会发展。做好雷电灾害风险区划工作，对于全面提升雷电灾害防御的科技支撑能力、为雷电灾害防御提供科学决策依据很有必要，也完全符合"两个坚持、三个转变"的新时期防灾减灾新理念。

2016年6月24日，《国务院关于优化建设工程防雷许可的决定》（国发〔2016〕39号）要求气象部门要加强对雷电灾害防御工作的组织管理，做好雷电监测、雷电灾害调查鉴定和防雷科普宣传，划分雷电易发区域及其防范等级并及时向社会公布。同年12月14日,《重庆市人民政府关于优化建设工程防雷许可的实施意见》(渝府发〔2016〕57号)也作出了类似规定。

重庆市防雷中心组织开展雷电灾害风险区划研究获得成果,并在全市加以应用,做了一项对防雷减灾很有意义的基础工作。

重庆市气象局副局长、教授级高级工程师　李良福

⚡ 前　言

雷电是发生于大气中的一种瞬态大电流、高电压、强电磁辐射的天气现象，被联合国"国际减灾十年"计划列为十种最严重的自然灾害之一，被国际电工委员会称为"电子时代的一大公害"，严重威胁着社会公共安全和人民生命财产安全。重庆作为全国多雷暴的地区，雷电灾害具有频次高、范围广、后果严重、社会影响大等特点，因雷击事故造成的人员伤亡和经济损失更是不容小觑。

以现有的科学技术，是不能够完全消除雷电的，因此现阶段如何合理防范和避免雷电灾害，最大限度地防止或减轻雷电造成的灾害损失尤为重要。开展雷电灾害风险区划研究，有助于有效规避风险、优化配置资源，为防雷减灾工作形成基础支撑，也为城乡规划、重点区域建设等方面的工作提供科学依据。

本书基于2008—2017年重庆市雷电监测资料，从雷电密度、雷电强度、雷电日数、雷电时数、极性特征及时间分布等方面分析了重庆市雷电活动规律，研究了雷电灾害风险区划流程、模型、资料收集与处理方法，依据致灾因子危险性、承灾体暴露度、承灾体脆弱性三方面因子建立了重庆市本地化的雷电灾害风险区划指标体系，计算出雷电灾害风险指数，按极高风险等级（Ⅰ级）、高风险等级（Ⅱ级）和一般风险等级（Ⅲ级）绘制了全市及各区县雷电灾害风险区划图。

本书的出版获得了重庆市气象局智慧气象技术创新团队项目"雷电灾害风险区划及防护等级研究"（ZHCXTD-201821）的资助。本书在编撰过程中得到了各方面的大力支持和热情鼓励，也引用了同行的研究成果和经验总结，除个别引用成果未能列出文献外，其他引用成果均列出了参考文献，在此一并致谢！

由于作者水平有限、时间仓促，本书难免有不足之处，敬请读者批评指正。

作者

⚡ 目 录

第 1 章

重庆市雷电活动规律

1.1 重庆市雷电监测网

重庆市雷电监测网建于 2007 年 4 月，由闪电定位仪、中心数据处理站、用户数据服务网络及图形显示终端组成，包括一个主站（沙坪坝）、四个子站（酉阳、城口、云阳、石柱），且与四川、陕西、湖北、贵州等省邻近区域的雷电监测站点联网。该雷电监测网实现了对地闪时间、位置（经度、纬度）、雷电流峰值和极性的自动监测，其时钟频率最高为 16 MHz，每个闪电回击的处理时间在 1 ms 左右。本书雷电数据来源于 2008—2017 年重庆市雷电监测网地闪资料。重庆市闪电定位仪站点分布见图 1.1.1 和表 1.1.1。

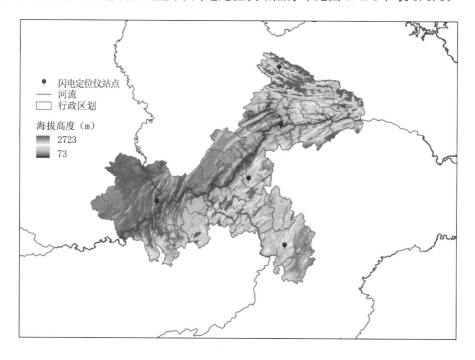

图 1.1.1 重庆市闪电定位仪站点布局图

表1.1.1　重庆市闪电定位仪站点信息表

序号	站名	经度（°）	纬度（°）	海拔（m）
1	沙坪坝	106.46	29.58	259.1
2	酉阳	108.77	28.82	826.5
3	城口	108.66	31.94	798.2
4	云阳	108.69	30.94	299.8
5	石柱	108.12	29.99	632.3

1.2　雷电密度统计

雷电密度是指单位面积上的年雷电次数，单位：次 /（km² · a），本书统计了2008—2017年重庆市平均雷电密度及各年雷电密度。

全市雷电密度有4个高值区，一是重庆主城九龙坡至渝北一带，呈"T"字形分布，雷电密度大于8次 /（km² · a）；二是开州南部、万州北部至云阳西部一带，雷电密度大于4次 /（km² · a），局部超过8次 /（km² · a）；三是大足西部、荣昌至永川南部一带，雷电密度大于5次 /（km² · a）；四是忠县南部至石柱西部一带，雷电密度大于4次 /（km² · a）。重庆东北部的城口、巫山、巫溪、奉节，东南部的黔江、酉阳、秀山，以及中部的武隆等地为雷电密度相对低值区，雷电密度小于2次 /（km² · a）。具体分布情况见图1.2.1。图1.2.2至图1.2.11为重庆市2008—2017年逐年雷电密度分布图。

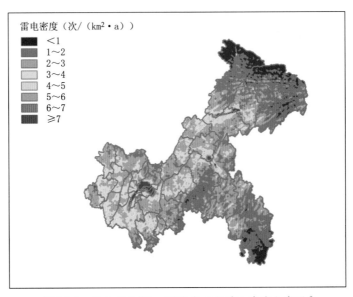

雷电密度（次/（km² · a））
- <1
- 1～2
- 2～3
- 3～4
- 4～5
- 5～6
- 6～7
- ≥7

图 1.2.1　重庆市 2008—2017 年平均雷电密度分布图*

＊图例中数据区间均为上包含关系，即仅包含浪纹前方的数据，下同。

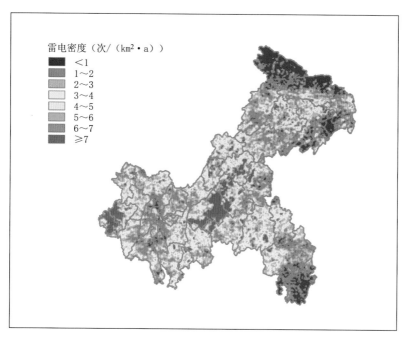

图 1.2.2　重庆市 2008 年雷电密度分布图

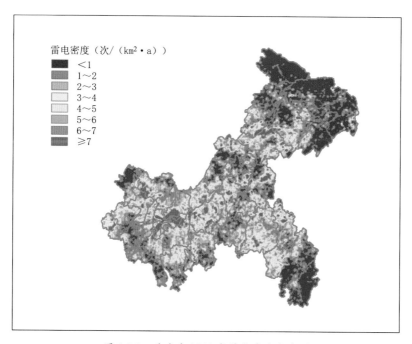

图 1.2.3　重庆市 2009 年雷电密度分布图

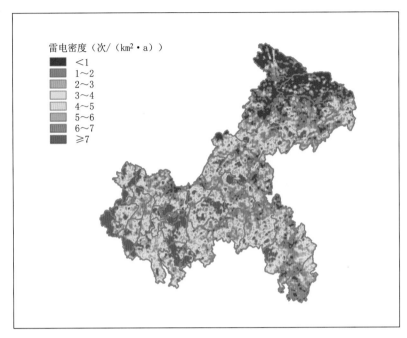

图 1.2.4　重庆市 2010 年雷电密度分布图

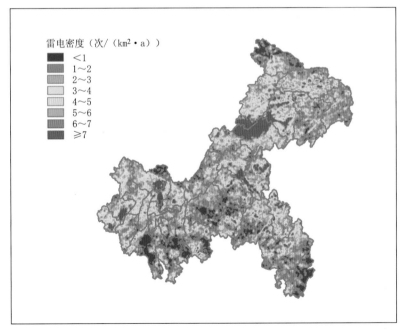

图 1.2.5　重庆市 2011 年雷电密度分布图

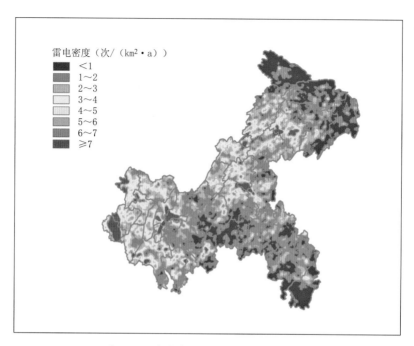

图 1.2.6 重庆市 2012 年雷电密度分布图

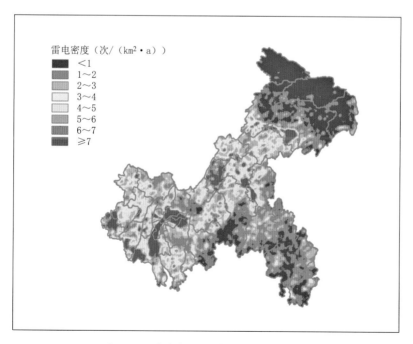

图 1.2.7 重庆市 2013 年雷电密度分布图

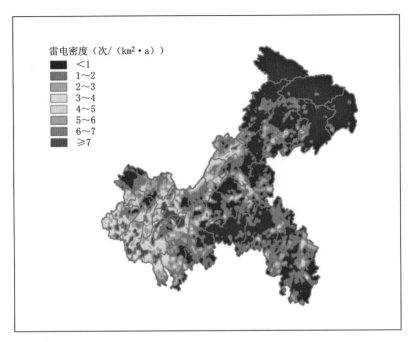

图 1.2.8 重庆市 2014 年雷电密度分布图

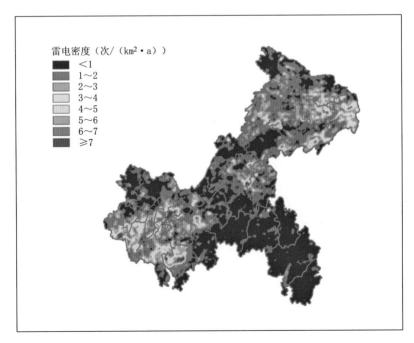

图 1.2.9 重庆市 2015 年雷电密度分布图

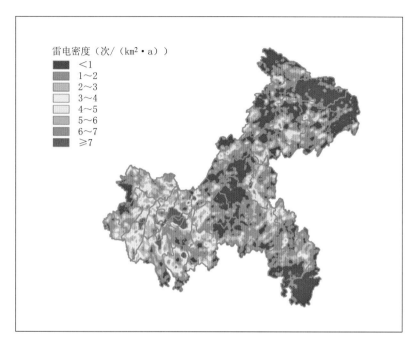

图 1.2.10　重庆市 2016 年雷电密度分布图

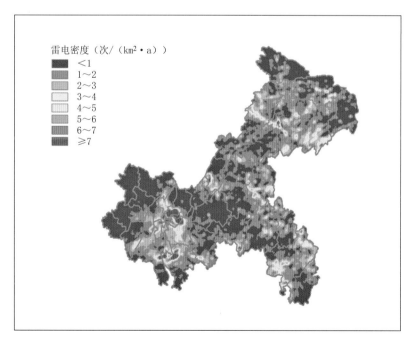

图 1.2.11　重庆市 2017 年雷电密度分布图

1.3　雷电强度统计

　　雷电强度是指带电云体对地放电的电流大小，即在闪电回击通道内流过的最大电流，单位：kA。本书统计了 2008—2017 年重庆市平均雷电强度的分布情况。

　　重庆市平均雷电强度大于 50 kA 的地区较少，主要位于秀山东部及南部、城口北部，其余区县大部分地区平均雷电强度为 30 ～ 50 kA。具体分布情况见图 1.3.1。图 1.3.2 至图 1.3.11 为重庆市 2008—2017 年逐年平均雷电强度分布图。

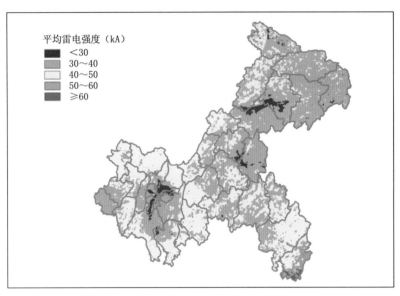

图 1.3.1　重庆市 2008—2017 年多年平均雷电强度分布图

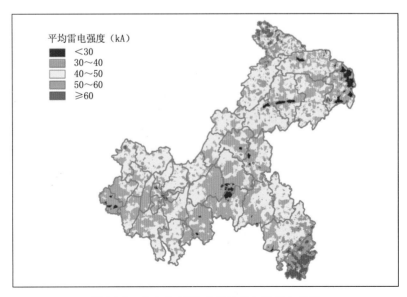

图 1.3.2　重庆市 2008 年平均雷电强度分布图

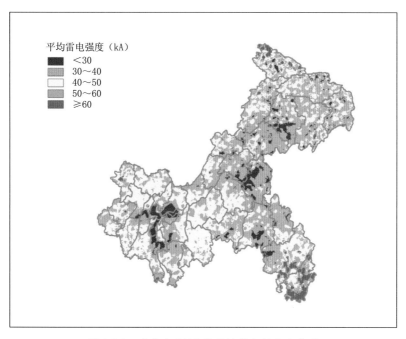

图 1.3.3　重庆市 2009 年平均雷电强度分布图

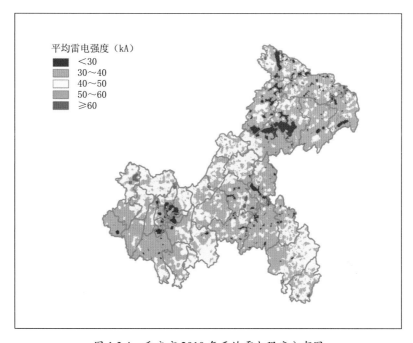

图 1.3.4　重庆市 2010 年平均雷电强度分布图

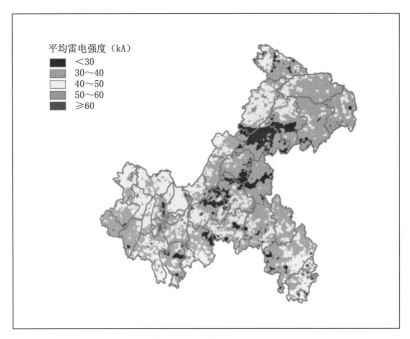

图 1.3.5　重庆市 2011 年平均雷电强度分布图

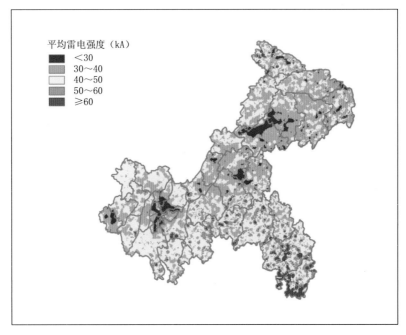

图 1.3.6　重庆市 2012 年平均雷电强度分布图

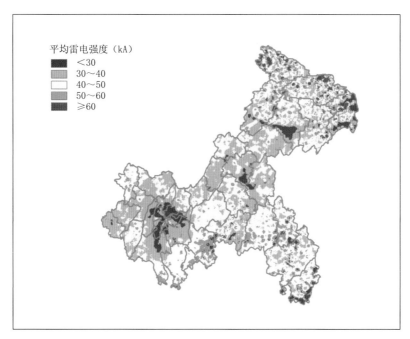

图 1.3.7　重庆市 2013 年平均雷电强度分布图

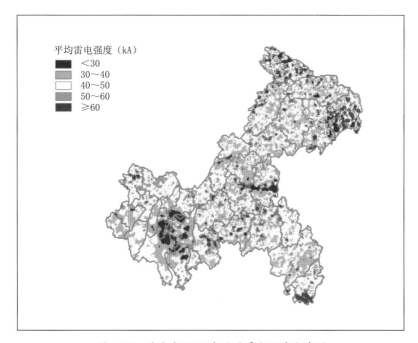

图 1.3.8　重庆市 2014 年平均雷电强度分布图

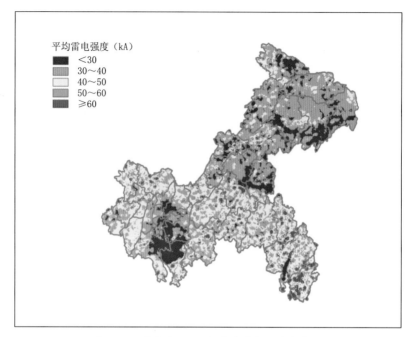

图 1.3.9　重庆市 2015 年平均雷电强度分布图

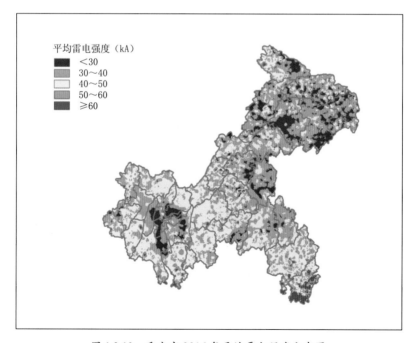

图 1.3.10　重庆市 2016 年平均雷电强度分布图

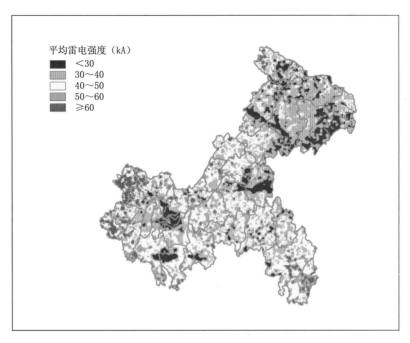

图 1.3.11　重庆市 2017 年平均雷电强度分布图

1.4　雷电日数统计

一天中雷电监测系统探测到一次及一次以上地闪，则记为一个雷电日，单位：d。年雷电日数指某一区域一年内发生雷电的日数的总和。年雷电日数与统计的区域大小有关，本书统计半径为 10 km，也就是某一格点的雷电日数为以该格点为圆心、半径为 10 km 的圆形区域内的总雷电日数。

重庆市雷电日数分布有四个高值区，一是江津至九龙坡、渝北一带，呈"C"字形分布，年雷电日数大于 45 d，其中九龙坡、沙坪坝、渝北部分区域年雷电日数大于 50 d；二是开州南部、万州北部至云阳中部一带，年雷电日数大于 40 d；三是忠县南部、丰都东部至石柱中部一带，年雷电日数大于 40 d，局部大于 50 d；四是武隆东南部至彭水中部一带，年雷电日数大于 40 d。重庆东北部的城口、巫山、巫溪、奉节，东南部的秀山，西部的潼南、铜梁等地为低值区，年雷电日数小于 35 d。具体分布情况见图 1.4.1。图 1.4.2 至图 1.4.11 为重庆市 2008—2017 年逐年雷电日数分布图。

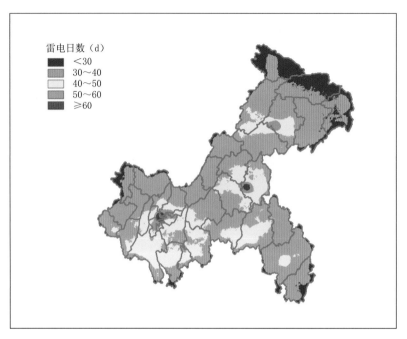

图 1.4.1　重庆市 2008—2017 年平均雷电日数分布图

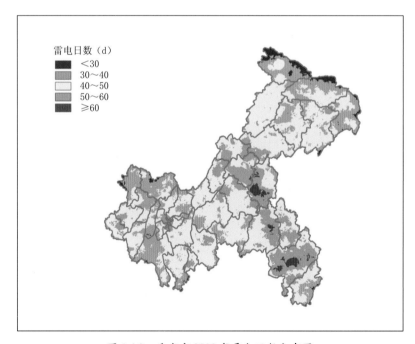

图 1.4.2　重庆市 2008 年雷电日数分布图

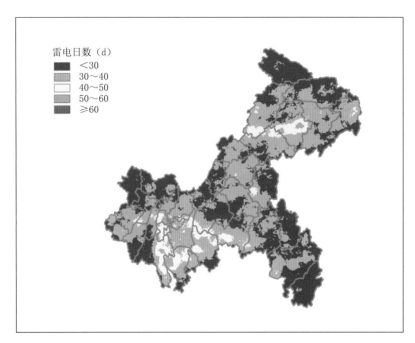

图 1.4.3　重庆市 2009 年雷电日数分布图

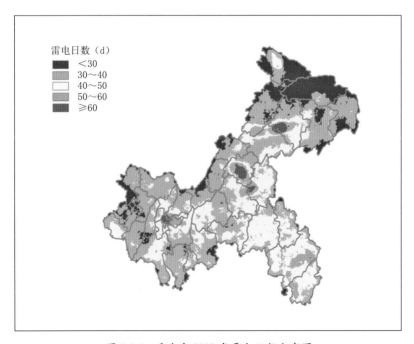

图 1.4.4　重庆市 2010 年雷电日数分布图

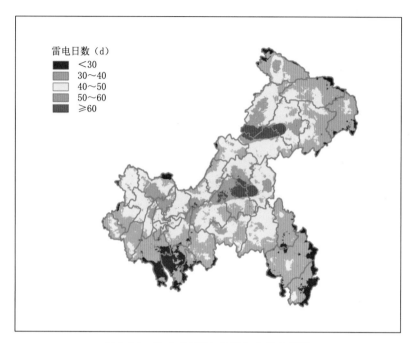

图 1.4.5　重庆市 2011 年雷电日数分布图

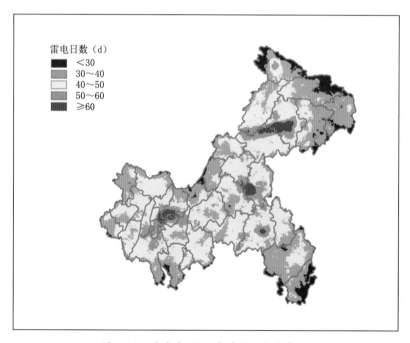

图 1.4.6　重庆市 2012 年雷电日数分布图

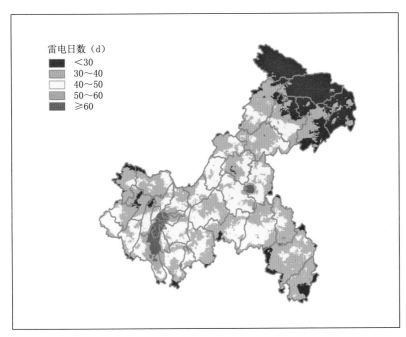

图 1.4.7　重庆市 2013 年雷电日数分布图

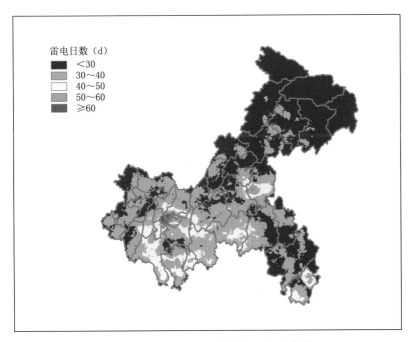

图 1.4.8　重庆市 2014 年雷电日数分布图

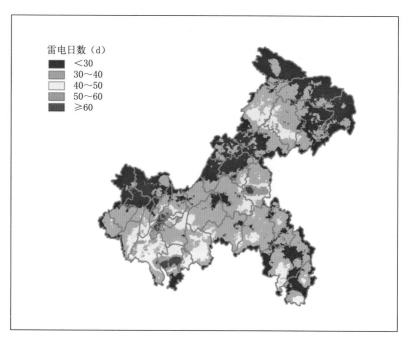

图 1.4.9　重庆市 2015 年雷电日数分布图

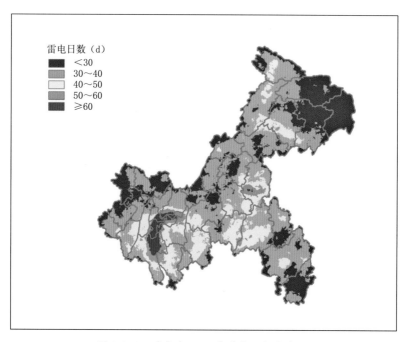

图 1.4.10　重庆市 2016 年雷电日数分布图

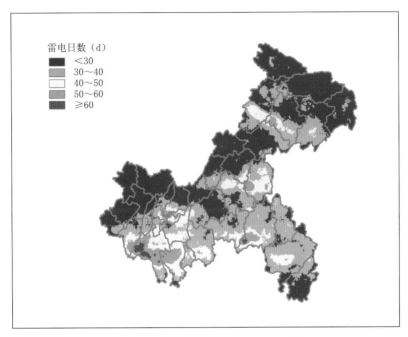

图 1.4.11 重庆市 2017 年雷电日数分布图

1.5 雷电时数统计

一个小时内雷电监测系统探测到一次及一次以上地闪，则记为一个雷电小时，单位：h。年雷电时数指某一区域一年内发生雷电的小时数的总和。年雷电时数与统计的区域大小有关，本书统计半径为 10 km，也就是某一格点的雷电时数为以该格点为圆心、半径为 10 km 的圆形区域内的总雷电时数。

重庆市雷电时数分布有三个高值区，一是江津北部至九龙坡、渝北一带，年雷电时数大于 140 h，其中沙坪坝、渝北、渝中部分区域年雷电时数大于 160 h；二是开州南部、万州北部至云阳中部一带，年雷电时数大于 120 h，局部大于 160 h；三是忠县南部、丰都东部至石柱中部一带，年雷电时数大于 100 h，局部大于 160 h。重庆东北部城口、巫山、巫溪，东南部秀山等地为雷电时数分布低值区，年雷电时数小于 80 h。具体分布情况见图 1.5.1。图 1.5.2 至图 1.5.11 为重庆市 2008—2017 年逐年雷电时数分布图。

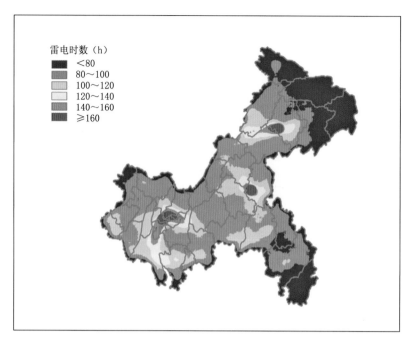

图 1.5.1   重庆市 2008—2017 年平均雷电时数分布图

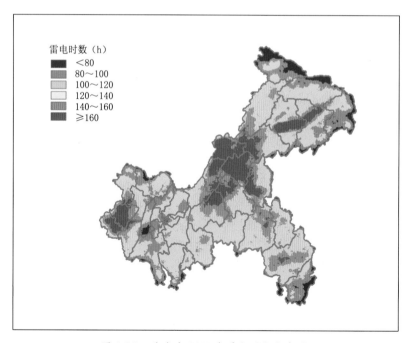

图 1.5.2   重庆市 2008 年雷电时数分布图

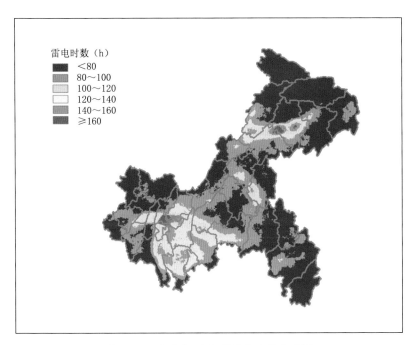

图 1.5.3　重庆市 2009 年雷电时数分布图

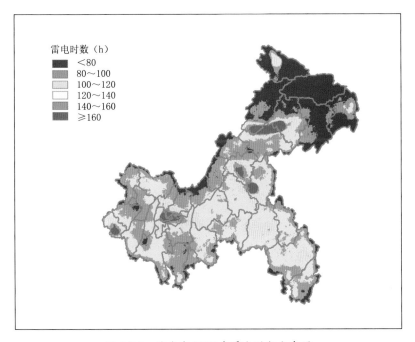

图 1.5.4　重庆市 2010 年雷电时数分布图

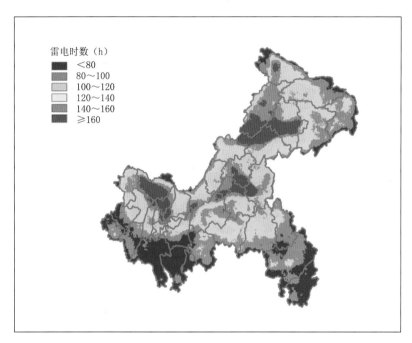

图 1.5.5　重庆市 2011 年雷电时数分布图

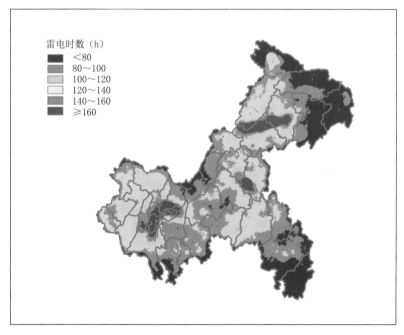

图 1.5.6　重庆市 2012 年雷电时数分布图

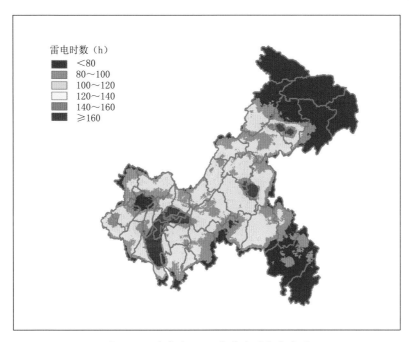

图 1.5.7　重庆市 2013 年雷电时数分布图

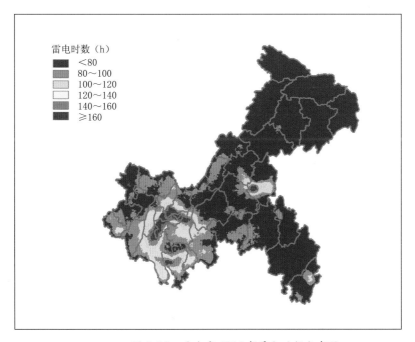

图 1.5.8　重庆市 2014 年雷电时数分布图

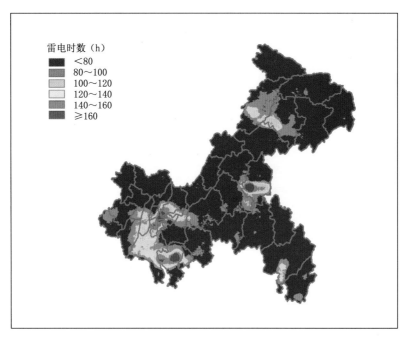

图 1.5.9　重庆市 2015 年雷电时数分布图

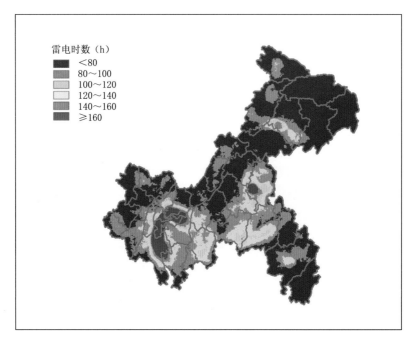

图 1.5.10　重庆市 2016 年雷电时数分布图

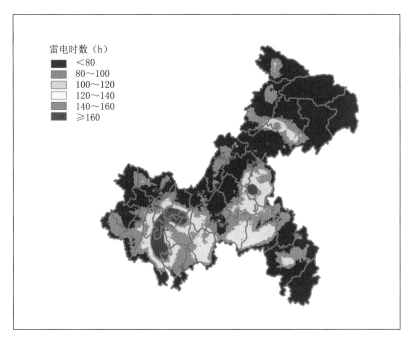

图 1.5.11　重庆市 2017 年雷电时数分布图

1.6　极性分布特征

2008—2017 年，重庆市平均每年观测到 20.2 万次地闪[①]，2010 年最为频繁，有 28.2 万次，其次是 2011 年，有 27.1 万次。重庆市地闪以负闪为主，占地闪总数的 96%，正闪占地闪总数的 4%；负闪平均强度 37.72 kA，平均陡度 10.34 kA/μs，正闪平均强度 58.57 kA，平均陡度 12.21 kA/μs。具体分布情况见表 1.6.1。

表1.6.1　重庆市2008—2017年地闪极性分布特征表

年份	正闪频次	负闪频次	正闪强度（kA）	负闪强度（kA）	正闪陡度（kA/μs）	负闪陡度（kA/μs）
2008	9787	250 483	59.84	39.93	10.91	11.02
2009	7905	201 918	60.29	37.96	12.92	10.61
2010	8568	273 472	56.22	37.71	13.67	11.06

---

①闪电根据发生部位不同分为云闪和地闪。因为本书雷电数据来源只有地闪资料，不含云闪资料，故全书所述雷电均针对地闪。鉴于特征分析的表述习惯，部分地方直接采用地闪的表述。地闪按闪电电流极性划分为正地闪和负地闪。本书正闪指正地闪，负闪指负地闪，总闪为正地闪+负地闪。

续表

年份	正闪频次	负闪频次	正闪强度（kA）	负闪强度（kA）	正闪陡度（kA/μs）	负闪陡度（kA/μs）
2011	10 044	260 924	58.44	35.54	10.89	9.95
2012	8903	189 537	61.99	38.30	12.97	11.28
2013	7355	231 136	59.32	37.55	12.14	10.64
2014	7412	133 784	63.62	39.82	14.32	11.25
2015	6477	120 609	57.44	35.11	12.40	9.14
2016	7477	156 320	55.82	37.82	12.16	10.21
2017	6814	118 969	52.78	37.45	9.71	8.24
平均	8074	193 715	58.57	37.72	12.21	10.34

负闪强度主要集中在 10～60 kA，占负闪总数的 89%，其中强度为 28～29 kA 的负闪频次最多，占负闪总数的 3%；正闪强度主要集中在 10～80 kA，占正闪总数的 79%，其中强度为 29～30 kA 的正闪频次最多，占正闪总数的 1.6%。分布曲线见图 1.6.1 及图 1.6.2。

按照 0.1 kA 的间隔统计多年正、负闪雷电流强度，不同极性雷电流强度累积概率曲线差异较大，正闪雷电流强度累积概率曲线的陡度小，负闪雷电流强度比正闪更加集中，正闪出现大强度的概率比负闪大。而总闪的累积概率曲线与负闪曲线非常接近，其主要原因是正闪的仅占 4%，对总闪的累积概率曲线影响较小。分布曲线见图 1.6.3。

2008 年全市共监测到 260 270 次闪电，其中正闪 9787 次，主要集中在 15～75 kA，峰值在 48 kA 附近；负闪 250 483 次，主要集中在 15～65 kA，峰值在 29 kA 附近。分布曲线见图 1.6.4 及图 1.6.5。

2009 年全市共监测到 209 823 次闪电，其中正闪 7905 次，主要集中在 15～75 kA，峰值在 38 kA 附近；负闪 201 918 次，主要集中在 10～60 kA，峰值在 28 kA 附近。分布曲线见图 1.6.6 及图 1.6.7。

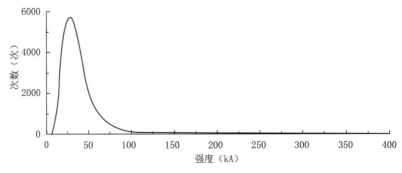

图 1.6.1　重庆市 2008—2017 年负闪强度分布曲线图

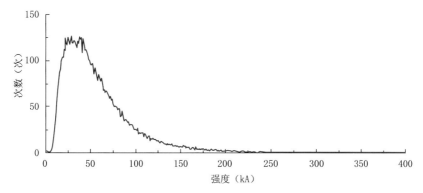

图 1.6.2　重庆市 2008—2017 年正闪强度分布曲线图

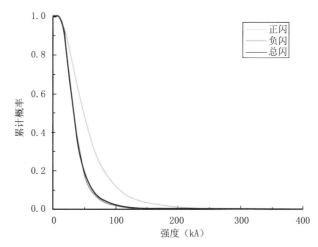

图 1.6.3　重庆市 2008—2017 年地闪强度累积概率分布曲线图

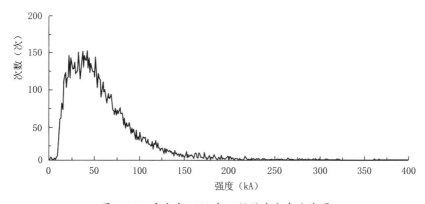

图 1.6.4　重庆市 2008 年正闪强度分布曲线图

2010 年全市共监测到 282 040 次闪电，其中正闪 8568 次，主要集中在 10 ~ 75 kA，峰值在 25 kA 附近；负闪 273 472 次，主要集中在 10 ~ 60 kA，峰值在 29 kA 附近。分布曲线见图 1.6.8 及图 1.6.9。

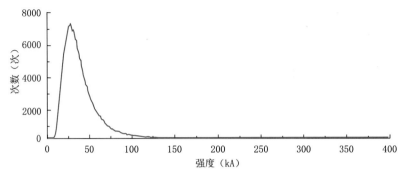

图 1.6.5 重庆市 2008 年负闪强度分布曲线图

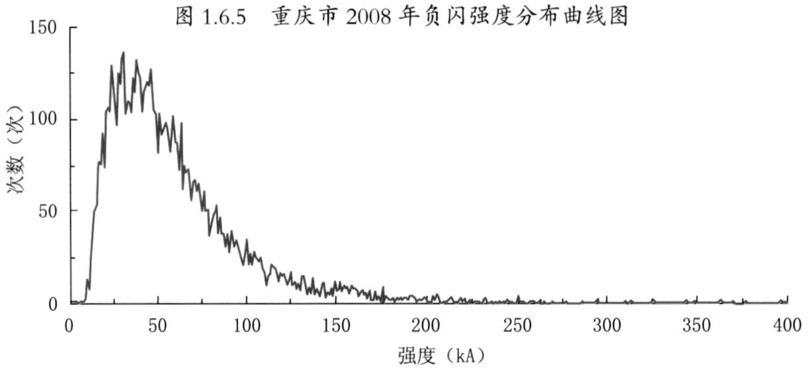

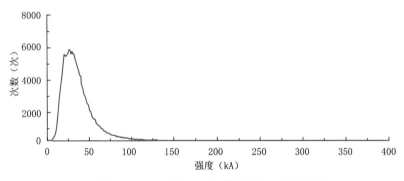

图 1.6.6 重庆市 2009 年正闪强度分布曲线图

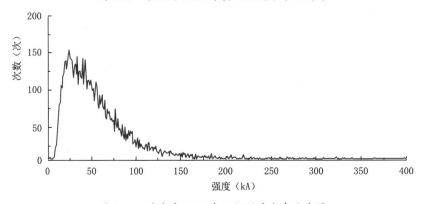

图 1.6.7 重庆市 2009 年负闪强度分布曲线图

图 1.6.8 重庆市 2010 年正闪强度分布曲线图

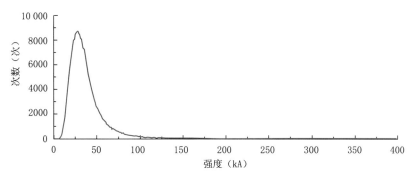

图 1.6.9　重庆市 2010 年负闪强度分布曲线图

2011 年全市共监测到 270 968 次闪电，其中正闪 10 044 次，主要集中在 10 ～ 75 kA，峰值在 29 kA 附近；其中负闪 260 924 次，主要集中在 10 ～ 60 kA，峰值在 26 kA 附近。分布曲线见图 1.6.10 及图 1.6.11。

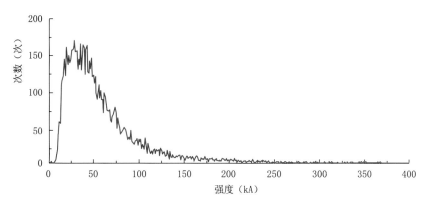

图 1.6.10　重庆市 2011 年正闪强度分布曲线图

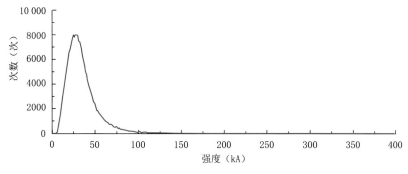

图 1.6.11　重庆市 2011 年负闪强度分布曲线图

2012 年全市共监测到 198 440 次闪电，其中正闪 8903 次，主要集中在 15 ～ 75 kA，峰值在 42 kA 附近；其中负闪 189 537 次，主要集中在 10 ～ 60 kA，峰值在 27 kA 附近。分布曲线见图 1.6.12 及图 1.6.13。

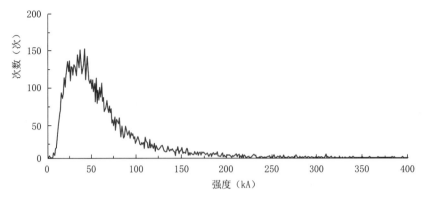

图 1.6.12 重庆市 2012 年正闪强度分布曲线图

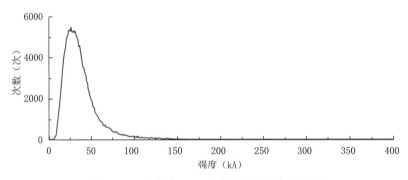

图 1.6.13 重庆市 2012 年负闪强度分布曲线图

2013 年全市共监测到 238 491 次闪电，其中正闪 7355 次，主要集中在 15～75 kA，峰值在 33 kA 附近；其中负闪 231 136 次，主要集中在 10～60 kA，峰值在 23kA 附近。分布曲线见图 1.6.14 及图 1.6.15。

2014 年全市共监测到 141 196 次闪电，其中正闪 7412 次，主要集中在 15～85 kA，峰值在 36 kA 附近；其中负闪 133 784 次，主要集中在 10～60 kA，峰值在 28 kA 附近。分布曲线见图 1.6.16 及图 1.6.17。

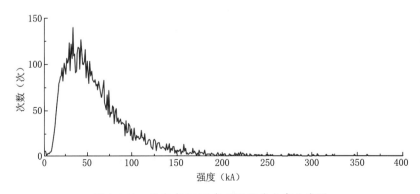

图 1.6.14 重庆市 2013 年正闪强度分布曲线图

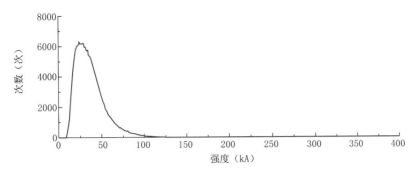

图 1.6.15　重庆市 2013 年负闪强度分布曲线图

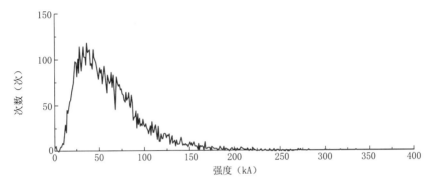

图 1.6.16　重庆市 2014 年正闪强度分布曲线图

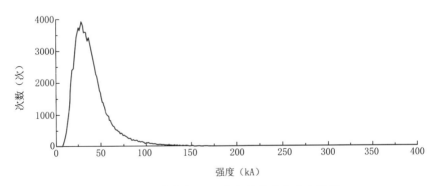

图 1.6.17　重庆市 2014 年负闪强度分布曲线图

2015 年全市共监测到 127 086 次闪电，其中正闪 6477 次，主要集中在 10 ～ 80 kA，峰值在 38 kA 附近；其中负闪 120 609 次，主要集中在 10 ～ 60 kA，峰值在 26 kA 附近。分布曲线见图 1.6.18 及图 1.6.19。

2016 年全市共监测到 163 797 次闪电，其中正闪 7477 次，主要集中在 10 ～ 90 kA，峰值在 25 kA 附近；其中负闪 156 320 次，主要集中在 15 ～ 65 kA，峰值在 26 kA 附近。分布曲线见图 1.6.20 及图 1.6.21。

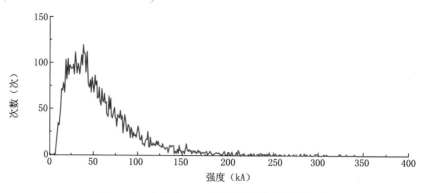

图 1.6.18　重庆市 2015 年正闪强度分布曲线图

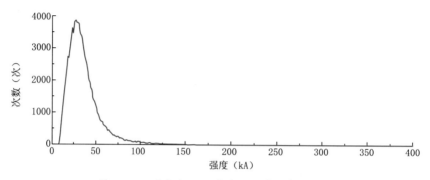

图 1.6.19　重庆市 2015 年负闪强度分布曲线图

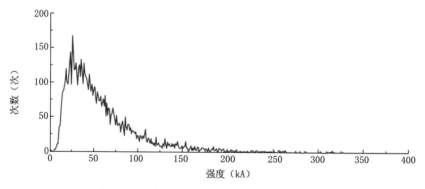

图 1.6.20　重庆市 2016 年正闪强度分布曲线图

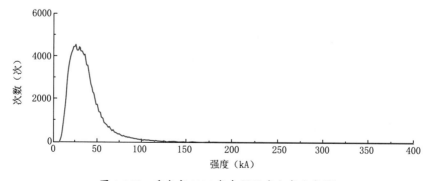

图 1.6.21　重庆市 2016 年负闪强度分布曲线图

2017 年全市共监测到 125 783 次闪电，其中正闪 6814 次，主要集中在 10 ～ 90 kA，峰值在 30 kA 附近；其中负闪 118 969 次，主要集中在 10 ～ 60 kA，峰值在 24 kA 附近。分布曲线见图 1.6.22 及图 1.6.23。

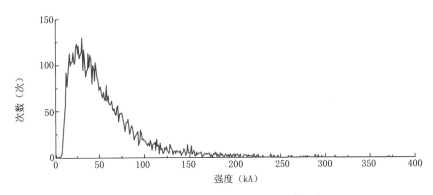

图 1.6.22　重庆市 2017 年正闪强度分布曲线图

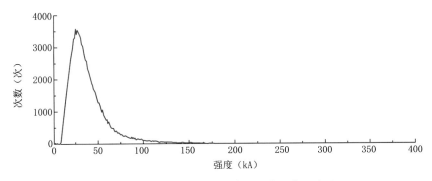

图 1.6.23　重庆市 2017 年负闪强度分布曲线图

1.7　时间变化特征

重庆市雷电活动主要集中在 4—9 月，占全年的 94%；其中 7—8 月为雷电高发期，占全年雷电活动的 57.9%。12 月至次年 2 月，为雷电的低发期，占全年雷电活动的 0.33%。分布情况见图 1.7.1。

重庆市雷电活动日变化呈双峰型，集中在 14—19 时（北京时，全书同）和 22 时至次日 05 时，这两个时段占全天总数的 74.7%，16 时达到峰值。分布情况见图 1.7.2。

2008 年重庆市全年 12 个月均有雷电活动，7—8 月雷电次数较多，占全年雷电次数的 71.8%，8 月雷电次数最多，达 102 676 次，其次是 7 月，达 84 509 次；1—2 月、11—12

月雷电次数较少，其中 12 月份仅监测到 1 次雷电。从每天分布时段来看，雷电活动主要集中在 14—18 时和 23 时至次日 04 时，16 时雷电活动到达峰值，08—12 时雷电活动较少。分布情况见图 1.7.3 和图 1.7.4。

2009 年重庆市除 1 月外均有雷电活动，6—8 月雷电次数较多，占全年雷电次数的 78.3%，8 月雷电次数最多，达 91 126 次，其次是 6 月，达 45 665 次；2 月、10—12 月雷电次数较少，其中 12 月仅监测到 3 次雷电活动。从每天分布时段来看，雷电活动主要集中在 15—18 时和 23 时至次日 04 时，17 时雷电活动到达峰值，09—13 时雷电活动较少。分布情况见图 1.7.5 和图 1.7.6。

2010 年重庆市全年 12 个月均有雷电活动，7—8 月雷电次数较多，占全年雷电次数的 77.3%，7 月雷电次数最多，达 129 496 次，其次是 8 月，达 88 428 次；1—2 月、9—10 月、12 月雷电次数较少，其中 1 月仅监测到 2 次地闪。从每天分布时段来看，雷电活动主要

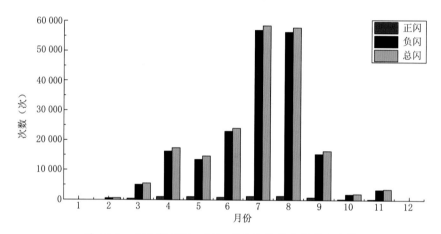

图 1.7.1　重庆市 2008—2017 年平均地闪次数月分布图

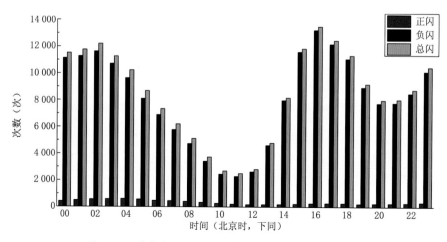

图 1.7.2　重庆市 2008—2017 年平均地闪次数日变化图

集中在 14—19 时和 23 时至次日 05 时，18 时雷电活动到达峰值，08—13 时雷电活动较少。分布情况见图 1.7.7 和图 1.7.8。

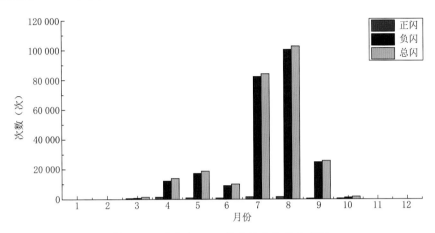

图 1.7.3　重庆市 2008 年地闪次数月分布图

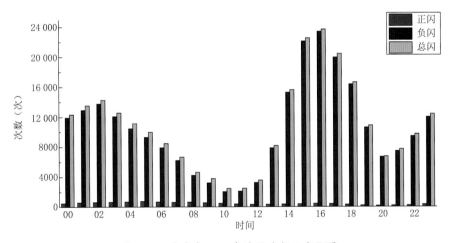

图 1.7.4　重庆市 2008 年地闪次数日变化图

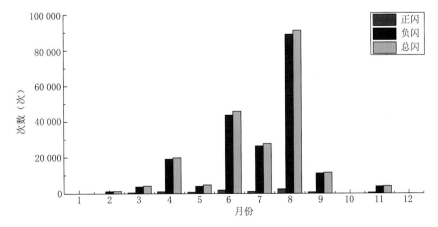

图 1.7.5　重庆市 2009 年地闪次数月分布图

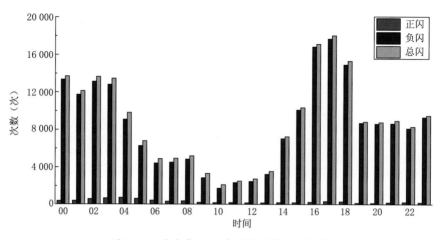

图 1.7.6　重庆市 2009 年地闪次数日变化图

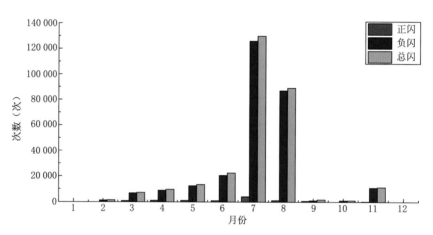

图 1.7.7　重庆市 2010 年地闪次数月分布图

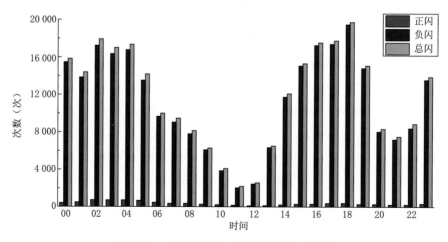

图 1.7.8　重庆市 2010 年地闪次数日变化图

2011 年重庆市全年 12 个月均有雷电活动，6—9 月雷电次数较多，占全年雷电次数的 80%，7 月雷电次数最多，达 113 936 次，其次是 6 月，达 43 422 次；1—3 月、12 月雷电次数较少，其中 12 月份仅监测到 2 次闪电。从每天分布时段来看，雷电活动主要集中在 15—19 时和 23 时至次日 03 时，01 时雷电活动到达峰值，09—13 时雷电活动较少。分布情况见图 1.7.9 和图 1.7.10。

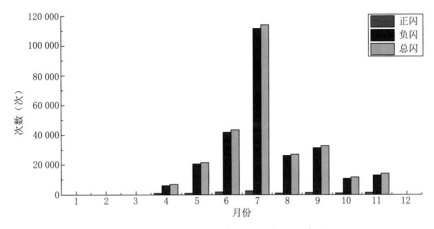

图 1.7.9　重庆市 2011 年地闪次数月分布图

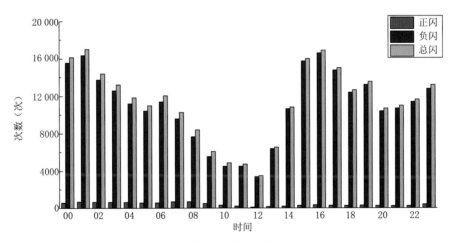

图 1.7.10　重庆市 2011 年地闪次数日变化图

2012 年重庆市全年 12 个月均有雷电活动，4—9 月雷电次数较多，占全年雷电次数的 93%，7 月雷电次数最多，达 50 476 次，其次是 8 月，达 37 545 次；1—2 月、10 月、12 月雷电次数较少。从每天分布时段来看，雷电活动主要集中在 14—17 时和 20 时至次日 05 时，02 时雷电活动到达峰值，08—12 时雷电活动较少。分布情况见图 1.7.11 和图 1.7.12。

2013 年重庆市 1—11 月均有雷电活动，3—8 月雷电次数较多，占全年雷电次数的 97%，8 月雷电次数最多，达 93 290 次，其次是 7 月，达 44 031 次；1—2 月、10—12 月雷电次数较少，其中 11 月只监测到 2 次地闪。从每天分布时段来看，雷电活动主要集中

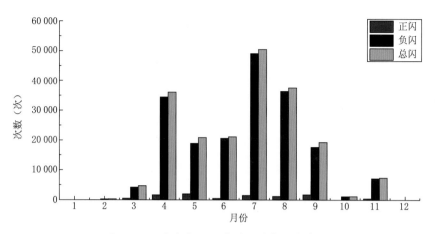

图 1.7.11　重庆市 2012 年地闪次数月分布图

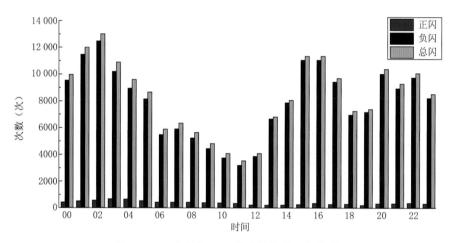

图 1.7.12　重庆市 2012 年地闪次数日变化图

在 15 时至次日 02 时，23 时雷电活动到达峰值，05—14 时雷电活动较少。分布情况见图 1.7.13 和图 1.7.14。

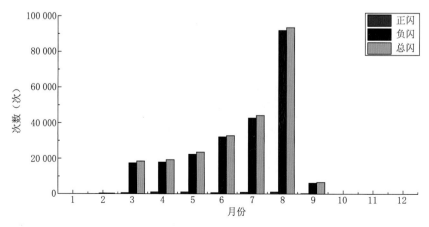

图 1.7.13　重庆市 2013 年地闪次数月分布图

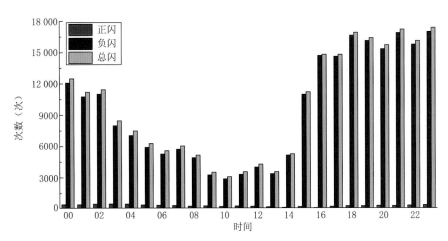

图 1.7.14　重庆市 2013 年地闪次数日变化图

2014 年重庆市 3—9 月雷电次数较多，占全年雷电次数的 94%，9 月雷电次数最多，达 35 128 次，其次是 8 月，达 33 750 次；1—2 月、12 月未监测到雷电活动。从每天分布时段来看，雷电活动主要集中在 22 时至次日 07 时，03 时雷电活动到达峰值，08—16 时雷电活动较少。分布情况见图 1.7.15 和图 1.7.16。

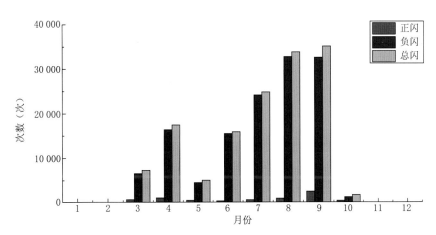

图 1.7.15　重庆市 2014 年地闪次数月分布图

2015 年重庆市全年 12 个月均有雷电活动，4—8 月雷电次数较多，占全年雷电次数的 89%，4 月雷电次数最多，达 31 884 次，其次是 7 月，达 25 914 次；1 月、11—12 月雷电次数较少。从每天分布时段来看，雷电活动主要集中在 15—17 时和 23 时至次日 06 时，01 时雷电活动到达峰值，08—13 时雷电活动较少。分布情况见图 1.7.17 和图 1.7.18。

2016 年重庆市 3—8 月雷电次数较多，占全年雷电次数的 99%，8 月雷电次数最多，达 49 680 次，其次是 7 月，达 47 196 次。1—2 月、9—10 月、12 月雷电次数较少，11

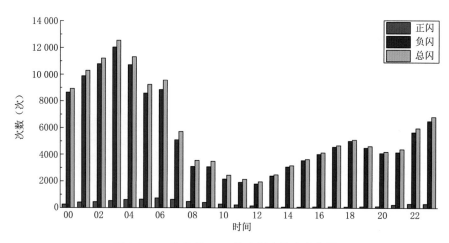

图 1.7.16　重庆市 2014 年地闪次数日变化图

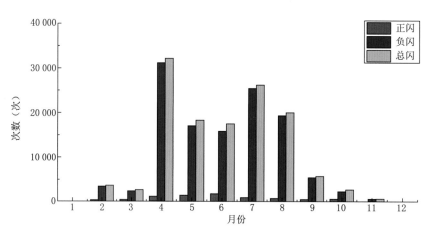

图 1.7.17　重庆市 2015 年地闪次数月分布图

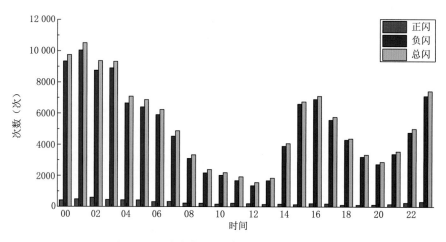

图 1.7.18　重庆市 2015 年地闪次数日变化图

月未监测到雷电活动。从每天分布时段来看，雷电活动主要集中在 14—20 时和 23 时至次日 05 时，15 时雷电活动到达峰值，07—13 时雷电活动较少。分布情况见图 1.7.19 和图 1.7.20。

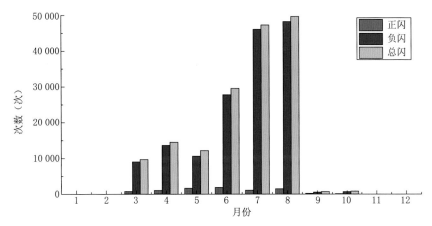

图 1.7.19　重庆市 2016 年地闪次数月分布图

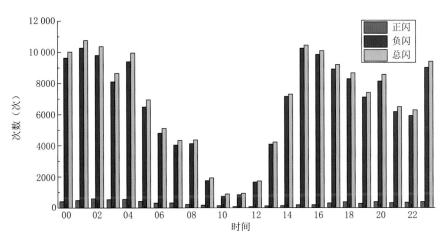

图 1.7.20　重庆市 2016 年地闪次数日变化图

2017 年重庆市全年 12 个月均有雷电活动，7—9 月雷电次数较多，占全年雷电次数的 82%，7 月雷电次数最多，达 39 429 次，其次是 8 月，达 37 098 次；1—3 月、11—12 月雷电次数较少，其中 12 月只监测到 1 次地闪。从每天分布时段来看，雷电活动主要集中在 14—18 时和 22 时至次日 06 时，16 时雷电活动到达峰值，07—12 时雷电活动较少。分布情况见图 1.7.21 和图 1.7.22。

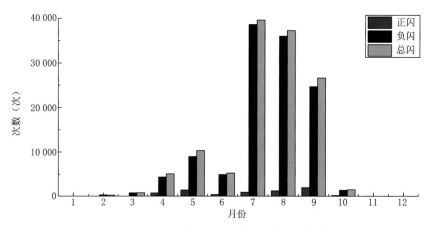

图 1.7.21　重庆市 2017 年地闪次数月分布图

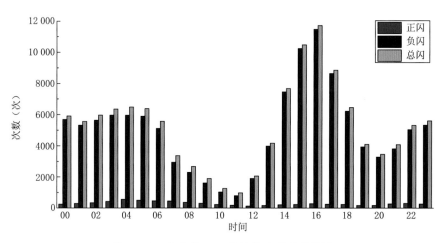

图 1.7.22　重庆市 2017 年地闪次数日变化图

第 ② 章

雷电灾害风险区划技术

2.1 区划流程及区划模型

参照《雷电灾害风险区划技术指南》（QX/T 405—2017），雷电灾害风险指数由致灾因子危险性、承灾体暴露度、承灾体脆弱性三部分构成。区划流程及区划模型如图 2.1.1 及图 2.1.2。

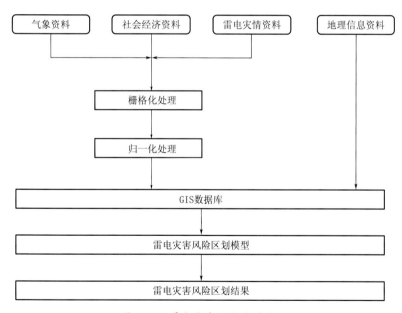

图 2.1.1 雷电灾害风险区划流程

2.1.1 致灾因子危险性

$$RH = (L_d^{wd} + L_n^{wn}) \times (S_c^{ws} + E_h^{we} + T_r^{wt}) \tag{2.1.1}$$

式中：RH 为致灾因子危险性；L_d 为地闪密度；wd 为地闪密度权重；L_n 为地闪强度；wn 为地

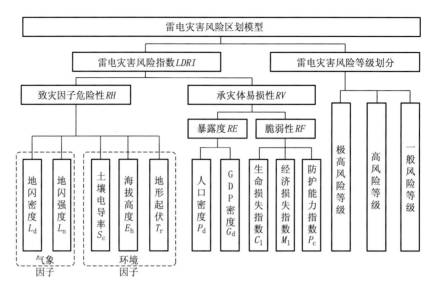

图 2.1.2　雷电灾害风险区划模型

闪强度权重；S_c 为土壤电导率；ws 为土壤电导率权重；E_h 为海拔高度；we 为海拔高度权重；T_r 为地形起伏；wt 为地形起伏权重。

2.1.2　承灾体暴露度

$$RE=P_d^{wp}+G_d^{wg} \tag{2.1.2}$$

式中：RE 为承灾体暴露度；P_d 为人口密度；wp 为人口密度权重；G_d 为 GDP 密度；wg 为 GDP 密度权重。

2.1.3　承灾体脆弱性

$$RF=C_1^{wc}+M_1^{wm}+（1-P_c）^{wa} \tag{2.1.3}$$

式中：RF 为承灾体脆弱性；C_1 为生命损失指数；wc 为生命损失指数权重；M_1 为经济损失指数；wm 为经济损失指数权重；P_c 为防护能力指数；wa 为防护能力指数权重。

2.1.4　雷电灾害风险指数

$$LDRI=RH^{wh}\times RE^{wr}\times RF^{wf} \tag{2.1.4}$$

式中：$LDRI$ 为雷电灾害风险指数；wh 致灾因子危险性权重；wr 为承灾体暴露度权重；wf 为承灾体脆弱性权重。

2.1.5　雷电灾害风险等级划分

依据雷电灾害风险指数大小，采用自然断点法，将雷电灾害风险划分为极高风险等级

（Ⅰ级）、高风险等级（Ⅱ级）和一般风险等级（Ⅲ级）。自然断点法是一种地图分级算法。该算法认为数据本身有断点，可以利用这一特点进行分级。算法原理是一个小聚类，聚类结束条件是组间方差最大、组内方差最小。计算方法如下：

$$SSD_{i-j} = \sum_{k=1}^{j} A [k]^2 - \frac{\left(\sum\limits_{k=1}^{j} A [k]\right)^2}{j-i+1} \quad (1 \leqslant i \leqslant j \leqslant N) \tag{2.1.5}$$

式中：SSD 为方差；i、j 为第 i、j 个元素；A 为长度为 N 的数组；k 为 i、j 中间的数，表示 A 数组中的第 k 个元素。

2.2　数据及处理方法

2.2.1　气象资料及处理方法

收集 5 年以上的雷电监测系统资料，包括时间、经纬度、雷电流幅值等参数。

剔除雷电流幅值小于或等于 2 kA 和大于或等于 200 kA 的闪电定位系统资料，将资料整理为 CSV 格式，导入 ArcGIS 软件，利用 ArcGIS 空间分析功能，统计地闪密度，形成 1 km×1 km 分辨率的栅格数据，并做归一化处理。

按表 2.2.1 将雷电流幅值划分为 5 个等级。

表2.2.1　雷电流幅值等级

等级	百分位数（P）区间
1级	$P \leqslant 60\%$
2级	$60\% < P \leqslant 80\%$
3级	$80\% < P \leqslant 90\%$
4级	$90\% < P \leqslant 95\%$
5级	$P > 95\%$

将各等级雷电数据导入 ArcGIS 软件，利用 ArcGIS 空间分析功能，生成地闪密度栅格数据，做归一化处理，并按照式（2.2.1）计算地闪强度。

$$L_n = \sum_{i=1}^{5} \left(\frac{i}{15} \times F_i\right) \tag{2.2.1}$$

式中：i 为雷电流幅值等级；F_i 为雷电流幅值为 i 等级的地闪密度的归一化值。

2.2.2　社会经济数据及处理方法

以县级行政区域为单元，收集土地面积、GDP、总人口资料。

以人口除以土地面积，得到人口密度，并进行归一化处理，形成 1 km×1 km 的人口密度栅格数据。

以 GDP 除以土地面积，得到 GDP 密度，并进行归一化处理，形成 1 km×1 km 的 GDP 密度栅格数据。

2.2.3　雷电灾害灾情资料及处理方法

雷电灾害资料来源于中国气象局雷电防护管理办公室编写的《全国雷电灾害统计》，资料的统计时间范围为 1998—2017 年。统计单位面积上的年平均雷电灾害次数、单位面积上雷击造成的人员伤亡数、单位面积上雷击造成的经济损失，并做归一化处理，按照式（2.2.2）计算生命损失指数，按照式（2.2.3）计算经济损失指数。

$$C_1=0.5×F+0.5×C \tag{2.2.2}$$

式中：F 为年平均的雷电灾害密度归一化值；C 为年平均的雷击造成人员伤亡归一化值。

$$M_1=0.5×F+0.5×M \tag{2.2.3}$$

式中：M 为年平均的雷击造成经济损失归一化值。

2.2.4　地理信息资料及处理方法

收集分辨率不低于 1∶250 000 的数字高程模型（DEM）数据、土壤电导率数据和土地利用数据。

对 DEM 资料进行归一化处理，形成归一化的海拔高度栅格数据。计算高程的标准差，并做归一化处理，形成归一化的地形起伏栅格数据。

2.2.5　数据归一化方法

为消除各指标的量纲差异，雷电灾害风险区划中将各有量纲的数据经过归一化变换，化为无量纲的数值，计算公式如下：

$$D_{ij}=\frac{A_{ij}-min_i}{max_i-min_i} \tag{2.2.4}$$

式中：D_{ij} 为 j 站（格）点第 i 个指标的归一化值；A_{ij} 为 j 站（格）点第 i 个指标值；min_i、max_i 分别是第 i 个指标值中的最小值和最大值。

2.3　权重大小确定方法

权重大小确定方法采用层次分析法，具体步骤如下：

步骤 1：构造判断矩阵

采用 1～9 标度法对各指标进行成对比较，确定各指标之间的相对重要性并给出相应的比值，见表 2.3.1。

表2.3.1　两两比较赋值表

标度	含义
$a_{ij}=1$	因素A_i与因素A_j具有同等重要性
$a_{ij}=3$	因素A_i比因素A_j稍显重要
$a_{ij}=5$	因素A_i比因素A_j明显重要
$a_{ij}=7$	因素A_i比因素A_j强烈重要
$a_{ij}=9$	因素A_i比因素A_j极度重要
$a_{ij}=2、4、6、8$	因素A_i与因素A_j相比，介于结果的中间值
倒数	$a_{ji}=1/a_{ij}$

上述过程得出的判断矩阵 A 为：

$$A=\left(a_{ij}\right)_{n\times n}=\begin{bmatrix} a_{11} & a_{12} & ... & a_{1n} \\ a_{21} & a_{22} & ... & a_{2n} \\ ... & ... & ... & ... \\ a_{n1} & a_{n2} & ... & a_{nn} \end{bmatrix} \qquad (2.3.1)$$

其中：$a_{ii}=1$，$a_{ji}=\dfrac{1}{a_{ij}}$。

步骤 2：计算相对权重

通过计算判断矩阵 A 的最大特征值 $\lambda_{\max}$ 及最大特征值对应的特征向量 W，得出同一层指标的相对权重系数。

步骤 3：一致性检验

用平均随机一致性指标（RI）对各指标重要程度比较链上的相容性进行检验，当成对比较得出的判断矩阵阶数大于或等于 3 时，则需要进行一致性检验。

根据判断矩阵得出一致性检验指标（CI）：$CI=\dfrac{\lambda_{\max}-n}{n-1}$

根据判断矩阵阶数，按表 2.3.2 查找对应的 RI。

根据 CI 和 RI 的值，计算一致性比例（CR）：$CR=CI/RI$

当 CR 小于或等于 0.1 时，判断矩阵 A 的一致性符合要求，反之，需要对判断矩阵的两两比较值作调整。

表2.3.2　平均随机一致性指标值

判断矩阵的阶数	RI
1	0
2	0
3	0.52
4	0.9
5	1.12
6	1.26
7	1.36

2.4　雷电灾害风险区划指标体系

利用层次分析法构建各层指标的重要性判断矩阵，求出各判断矩阵的最大特征值及对应的特征向量，并对阶数大于或等于 3 的判断矩阵进行一致性检验，构建符合一致性要求的雷电灾害风险指标体系权重，见表 2.4.1 至表 2.4.5。

表2.4.1　致灾因子危险性各项因子重要性判断矩阵

	地闪密度	地闪强度	土壤电导率	地形起伏	海拔高度
地闪密度	1	2	3	4	5
地闪强度	1/2	1	2	3	4
土壤电导率	1/3	1/2	1	2	3
地形起伏	1/4	1/3	1/2	1	2
海拔高度	1/5	1/4	1/3	1/2	1

致灾因子危险性各项因子重要性判断矩阵最大特征值为 5.0681，对应的特征向量为 [0.7868，0.4935，0.3007，0.1828，0.1161]，CR=0.015，小于 0.1，符合一致性检验要求。

表2.4.2　承灾体暴露度各项因子重要性判断矩阵

	人口密度	GDP密度
人口密度	1	2
GDP密度	1/2	1

承灾体暴露度各项因子重要性判断矩阵最大特征值为 2，对应的特征向量为［0.8944，0.4472］。

表2.4.3　承灾体脆弱性各项因子重要性判断矩阵

	生命损失指数	防护能力指数	经济损失指数
生命损失指数	1	2	3
防护能力指数	1/2	1	2
经济损失指数	1/3	1/2	1

承灾体脆弱性各项因子重要性判断矩阵最大特征值为 3.0092，对应的特征向量为［0.8468，0.4660，0.2565］，CR=0.0088，小于 0.1，符合一致性检验要求。

表2.4.4　雷电灾害风险指数各项因子重要性判断矩阵

	致灾因子危险性	承灾体暴露度	承灾体脆弱性
致灾因子危险性	1	2	3
承灾体暴露度	1/2	1	2
承灾体脆弱性	1/3	1/2	1

雷电灾害风险指数各项因子重要性判断矩阵最大特征值为 3.0092，对应的特征向量为［0.8468，0.4660，0.2565］，CR=0.0088，小于 0.1，符合一致性检验要求。

表2.4.5　重庆市雷电灾害风险区划指标体系

目标层	准则层	权重	方案层	权重
雷电灾害风险指数	致灾因子危险性	0.5396	地闪密度	0.4185
			地闪强度	0.2625
			土壤电导率	0.1600
			地形起伏	0.0972
			海拔高度	0.0618
	承灾体暴露度	0.2969	人口密度	0.6667
			GDP密度	0.3333
	承灾体脆弱性	0.1634	生命损失指数	0.5396
			防护能力指数	0.2969
			经济损失指数	0.1634

第 3 章

雷电灾害风险区划

3.1 重庆市雷电灾害风险区划

重庆市年平均雷电次数 20.2 万次，雷电活动月分布呈单峰型，主要集中在 4—9 月，占全年雷电活动的 94%；高发期为 7—8 月，占全年雷电活动的 57.9%；低发期为 12 月至次年 2 月，占全年雷电活动的 0.33%。雷电活动日变化呈双峰型，集中在 14—19 时和 22 时至次日 05 时，这两个时段占全天雷电活动的 74.7%，16 时达到峰值。雷电以负闪为主，占总数的 96%。雷电电流强度主要集中在 10～60 kA，占雷电总数的 88%。正闪平均强度为 58.57 kA，负闪平均强度为 37.72 kA。重庆市年平均雷电密度 2.43 次 /（km²·a），雷电密度分布有四个高值区，一是重庆主城九龙坡至渝北一带；二是开州南部、万州北部至云阳西部一带；三是大足西部、荣昌至永川南部一带；四是忠县南部至石柱西部一带（图 3.1.1）。

重庆市雷电灾害极高风险区域主要分布在重庆主城区、万州、涪陵、长寿、永川、綦江、大足、璧山、铜梁、荣昌、梁平、垫江等地。高风险区域主要分布在黔江、江津、合川、南川、潼南、开州、丰都、忠县、奉节、云阳、石柱、酉阳、彭水、万盛等地。一般风险区域主要分布在武隆、城口、巫山、巫溪、秀山等地的部分地区。

3.2 万州区雷电灾害风险区划

万州区年平均雷电次数 10 647 次，雷电活动月分布呈单峰型，主要集中在 4—9 月，占全年雷电活动的 89.6%；高发期为 7—8 月，占全年雷电活动的 53.1%；低发期为 12 月至次年 2 月，占全年雷电活动的 0.29%。雷电活动日变化呈双峰型，集中在 02—07 时和 14—17 时，占全天总数的 56%，15 时达到峰值。雷电以负闪为主，占总数的 95.9%。雷电电流强度主要集中在 10～50 kA，占雷电总数的 82.7%。年平均雷电密度 3.08 次 /（km²·a），北部较高，其次是东北部（图 3.2.1）。

万州区雷电灾害极高风险区域主要分布在高笋塘、太白、牌楼、龙都、周家坝、沙河、钟鼓楼、百安坝、五桥、陈家坝、响水、天城、熊家、小周、分水、孙家、余家、后

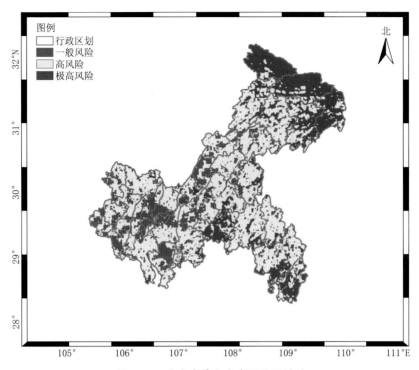

图 3.1.1　重庆市雷电灾害风险区划图

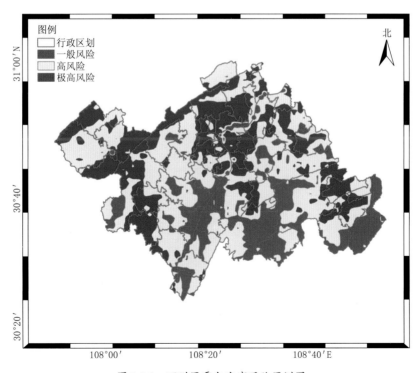

图 3.2.1　万州区雷电灾害风险区划图

山、弹子、白土、太安、白羊、郭村、九池、梨树等乡镇（街道）。高风险区主要分布在双河口、高峰、龙沙、武陵、甘宁、大周、高梁、李河、长岭、新田、新乡、龙驹、长滩、太龙、柱山、铁峰、茨竹、燕山、恒合、地宝、黄柏等乡镇（街道）。一般风险区主要分布在瀼渡、走马、罗田、溪口、长坪、普子等乡镇。

3.3   黔江区雷电灾害风险区划

黔江区年平均雷电次数 4890 次，雷电活动月分布呈单峰型，主要集中在 4—9 月，占全年雷电活动的 92.7%；高发期为 7—8 月，占全年雷电活动的 60%；低发期为 12 月至次年 2 月，占全年雷电活动的 1.35%。雷电活动日变化呈单峰型，集中在 18 时至次日 05 时，占全天总数的 73%，21 时达到峰值。雷电以负闪为主，占 95.5%。雷电电流强度主要集中在 15 ～ 55 kA，占雷电总数的 82.3%。年平均雷电密度 2.05 次 /（km² · a），中部较高，北部则相对较低（图 3.3.1）。

黔江区雷电灾害极高风险区域主要分布在城西、城东、城南、黑溪、小南海、中塘、沙坝、白土、新华、水田、邻鄂、马喇、石家等乡镇（街道）。高风险区主要分布在舟白、正阳、冯家、黎水、黄溪、杉岭、白石、石会、金溪、太极、水市、濯水、蓬东、五里等乡镇。一般风险区主要分布在鹅池、阿蓬江、金洞等乡镇。

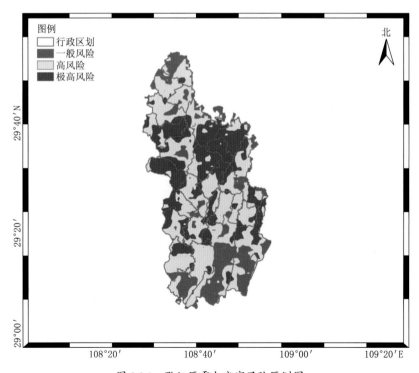

图 3.3.1   黔江区雷电灾害风险区划图

3.4　涪陵区雷电灾害风险区划

涪陵区年平均雷电次数 8590 次，雷电活动月分布呈单峰型，主要集中在 4—9 月，占全年雷电活动的 94.9%；高发期为 7—8 月，占全年雷电活动的 58.9%；低发期为 12 月至次年 2 月。雷电活动日变化呈双峰型，集中在 00—05 时和 14—18 时，占全天总数的 72%，17 时达到峰值。雷电以负闪为主，占 97%。雷电电流强度主要集中在 15 ~ 55 kA，占雷电总数的 82.5%。年平均雷电密度 2.92 次 /（km² • a），西部较高，其次是西南部地区（图 3.4.1）。

涪陵区雷电灾害极高风险区域主要分布在李渡、荔枝、江东、敦仁、崇义、龙潭、龙桥、马鞍、大顺、青羊、马武、蔺市、焦石、清溪等镇（街道）。高风险区主要分布在江北、白涛、增福、同乐、大木、新秒、石沱、义和、新妙、百胜、罗云等乡镇（街道）。一般风险区主要分布在珍溪、南沱、武陵山等乡镇。

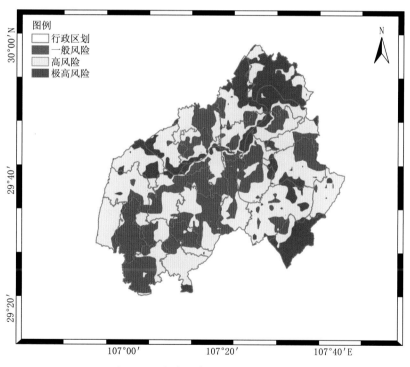

图 3.4.1　涪陵区雷电灾害风险区划图

3.5　主城五区[①]雷电灾害风险区划

重庆市主城五区年平均雷电次数 6126 次，雷电活动月分布呈单峰型，主要集中在 4—

[①] 主城五区为未设置气象主管机构的渝中、大渡口、江北、南岸、九龙坡五区。

9月，占全年雷电活动的96%；高发月份为7—8月，占全年雷电活动的62.1%；12月至次年2月，为雷电的低发期，占全年雷电活动的0.14%。雷电活动日变化呈双峰型，集中在15—18时和21时至次日03时，占全天雷电活动的73.5%，23时达到峰值。雷电以负闪为主，占总数的97.5%。雷电电流强度主要集中在10～50 kA，占雷电总数的88.5%。年平均雷电密度5.89次／（km²·a），江北区、渝中区最高，其次九龙坡区中西部、南岸区中东部（图3.5.1）。

雷电灾害极高风险区域主要分布在渝中区大部、江北区东部、九龙坡区中部、南岸区中东部。高风险区域主要分布在江北区西部、九龙坡区西北部、南岸区大部、大渡口区北部。一般风险区域主要分布在大渡口区中南部、九龙坡区东南部。

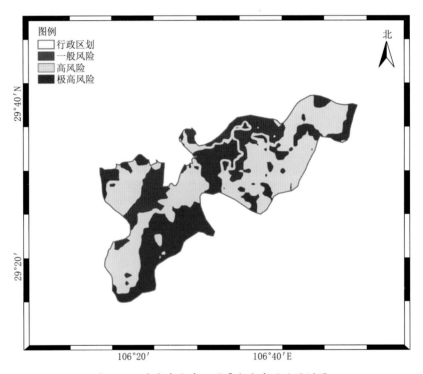

图 3.5.1　重庆市主城五区雷电灾害风险区划图

3.6　沙坪坝区雷电灾害风险区划

沙坪坝区年平均雷电次数1787次，雷电活动月分布呈单峰型，主要集中在4—9月，占全年雷电活动的95.7%；高发期为7—8月，占全年雷电活动的63.9%；低发期为12月至次年2月，占全年雷电活动的0.32%。雷电活动日变化呈单峰型，集中在20时至次日04时，占全天雷电活动的59.5%，23时达到峰值。雷电以负闪为主，占97.1%。雷电电流强度主要集中在10～50 kA，占雷电总数的86.9%。年平均雷电密度4.51次／（km²·a），中西部较大，其次是西南部（图 3.6.1）。

　　沙坪坝区雷电灾害极高风险区域主要分布在小龙坎、沙坪坝、渝碚路、磁器口、歌乐山、童家桥、山洞、新桥、天星桥、覃家岗等街道。高风险区主要分布在石井坡、双碑、井口、土湾、联芳、西永、陈家桥、土主、虎溪、曾家、中梁、丰文、香炉山等镇（街道）。一般风险区主要分布在青木关、凤凰、回龙坝等镇。

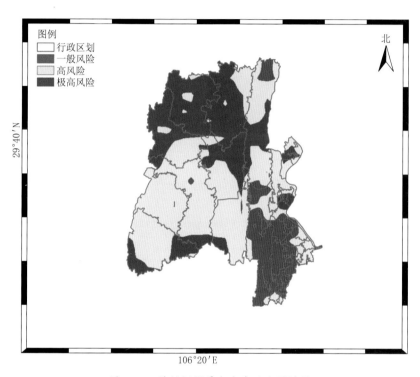

图 3.6.1　沙坪坝区雷电灾害风险区划图

3.7　北碚区雷电灾害风险区划

　　北碚区年平均雷电次数 2482 次，雷电活动月分布呈单峰型，主要集中在 4—9 月，占全年雷电活动的 88.2%；高发期为 7—8 月，占全年雷电活动的 51.3%；低发期为 12 月至次年 2 月，占全年雷电活动的 0.5%。雷电活动日变化呈单峰型，集中在 21 时至次日 04 时，占全天总数的 55%，00 时达到峰值。雷电以负闪为主，占 97%，雷电电流强度主要集中在 10 ～ 50 kA，占雷电总数的 81.3%。年平均雷电密度 3.3 次 /（km² · a），东南部较高，其次是西南部，北部则相对较低（图 3.7.1）。

　　北碚区雷电灾害极高风险区域主要分布在天生、朝阳、北温泉、龙凤桥、东阳、蔡家岗、施家梁、水土、天府、童家溪等镇（街道）。高风险区主要分布在歇马、澄江、复兴、静观、金刀峡等镇。一般风险区主要分布在柳荫、三圣等镇。

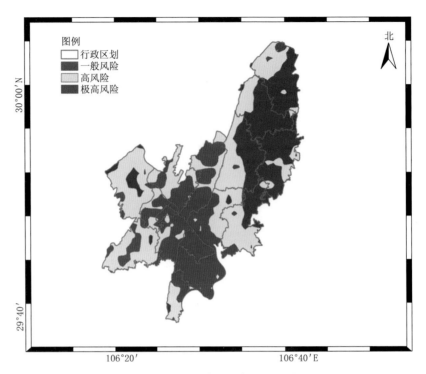

图 3.7.1　北碚区雷电灾害风险区划图

3.8　渝北区雷电灾害风险区划

　　渝北区年平均雷电次数 5663 次，雷电活动月分布呈单峰型，主要集中在 4—9 月，占全年雷电活动的 92.6%；高发期为 7—8 月，占全年雷电活动的 56%；低发期为 12 月至次年 2 月，占全年雷电活动的 0.28%。雷电活动日变化呈双峰型，集中在 15—18 时和 22 时至次日 03 时，占全天总数的 65%，16 时达到峰值。雷电以负闪为主，占总数的 97.4%。雷电电流强度主要集中在 10～50 kA，占雷电总数的 86.3%。年平均雷电密度 3.89 次/（km²·a），南部较高，北部相对较低（图 3.8.1）。

　　渝北区雷电灾害极高风险区域主要分布在双龙湖、仙桃、龙塔、龙山、龙溪、天宫殿、金山、康美、宝圣湖、大竹林、礼嘉、鸳鸯、人和、悦来、翠云、回兴、玉峰山、两路等街道。高风险区主要分布在双凤桥、龙兴、王家、木耳、石船、洛碛、兴隆、茨竹等镇（街道）。一般风险区主要分布在古路、大湾、统景、大盛等镇。

3.9　巴南区雷电灾害风险区划

　　巴南区年平均雷电次数 5749 次，雷电活动月分布呈单峰型，主要集中在 4—9 月，占

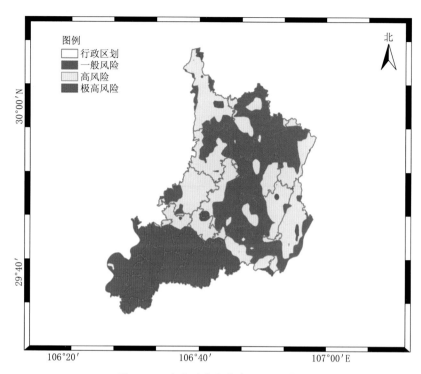

图 3.8.1　渝北区雷电灾害风险区划图

全年雷电活动的 96.9%；高发期为 7—8 月，占全年雷电活动的 60.9%；低发期为 12 月至次年 2 月，占全年雷电活动的 0.03%。雷电活动日变化呈双峰型，集中在 15—18 时和 23 时至次日 02 时，占全天雷电活动的 55.8%，16 时达到峰值。雷电以负闪为主，占 97.7%。雷电电流强度主要集中在 15 ～ 55 kA，占雷电总数的 84.8%。年平均雷电密度 3.15 次 /（km² • a），东北部较大，其次是西南部（图 3.9.1）。

巴南区雷电灾害极高风险区域主要分布在木洞、东温泉、二圣、惠民、南泉、李家沱、花溪、石滩等镇（街道）。高风险区主要分布在麻柳嘴、双河口、丰盛、姜家、天星寺、界石、南彭、龙洲湾、鱼洞、圣灯山、安澜等镇（街道）。一般风险区主要分布在一品、接龙、石龙等镇（街道）。

3.10　长寿区雷电灾害风险区划

长寿区年平均雷电次数 3430 次，雷电活动月分布呈单峰型，主要集中在 4—9 月，占全年雷电活动的 92.8%；高发期为 7—8 月，占全年雷电活动的 54.2%；低发期为 12 月至次年 2 月。雷电活动日变化呈双峰型，集中在 00—05 时和 16—20 时，占全天总数的 67%，18 时达到峰值。雷电以负闪为主，占 96%。雷电电流强度主要集中在 15 ～ 55 kA，占雷电总数的 80.8%。年平均雷电密度 2.41 次 /（km² • a），西部较高，东南部相对较低（图 3.10.1）。

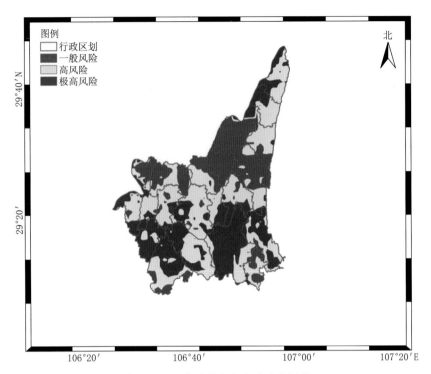

图 3.9.1 巴南区雷电灾害风险区划图

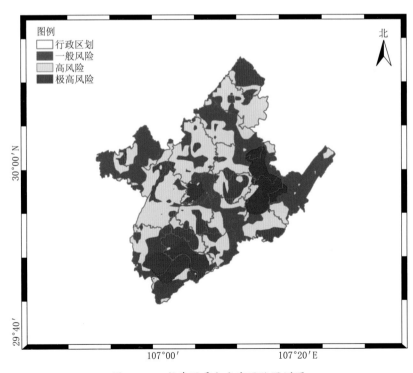

图 3.10.1 长寿区雷电灾害风险区划图

长寿区雷电灾害极高风险区域主要分布在晏家、菩提、凤城、江南、长寿湖、双龙、新市、海棠等乡镇街道。高风险区主要分布在但渡、渡舟、云台、葛兰、龙河、八颗、邻封等镇（街道）。一般风险区主要分布在石堰、万顺、洪湖、云集等镇。

3.11 江津区雷电灾害风险区划

江津区年平均雷电次数 9974 次，雷电活动月分布呈单峰型，主要集中在 4—9 月，占全年雷电活动的 96.4%；高发期为 7—8 月，占全年雷电活动的 63.9%；低发期为 12 月至次年 2 月。雷电活动日变化呈单峰型，集中在 15 时至次日 03 时，占全天总数的 84%，21 时达到峰值。雷电以负闪为主，占 96.5%。雷电电流强度主要集中在 15 ~ 55 kA，占雷电总数的 82.5%。年平均雷电密度 3.1 次 /（km² • a），北部较高，其次是西部地区（图 3.11.1）。

江津区雷电灾害极高风险区域主要分布在几江、鼎山、圣泉、双福、德感、石门、朱杨、石蟆、白沙、嘉平等镇（街道）。高风险区主要分布在先锋、龙华、塘河、吴滩、油溪、慈云、支坪、杜市、西湖、李市、永兴、蔡家、中山、柏林、广兴、四屏等镇。一般风险区主要分布在珞璜、贾嗣、四面山、夏坝等镇。

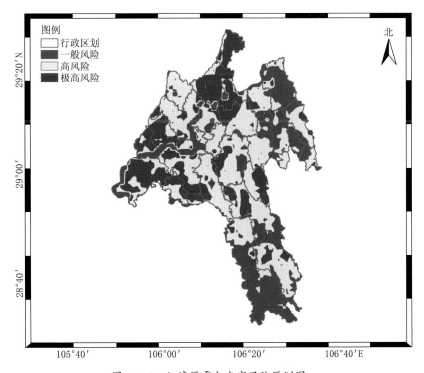

图 3.11.1　江津区雷电灾害风险区划图

3.12　合川区雷电灾害风险区划

合川区年平均雷电次数 5992 次，雷电活动月分布呈单峰型，主要集中在 4—9 月，占全年雷电活动的 94.1%；高发期为 7—8 月，占全年雷电活动的 56.2%；低发期为 12 月至次年 2 月。雷电活动日变化呈单峰型，集中在 23 时至次日 05 时，占全天总数的 50%，01 时达到峰值。雷电以负闪为主，占 96.8%。雷电电流强度主要集中在 15 ～ 55 kA，占雷电总数的 79.8%。年平均雷电密度 2.56 次 /（km²·a），西南部较高，其次是东南部地区（图 3.12.1）。

合川区雷电灾害极高风险区域主要分布在合阳城、钓鱼城、南津街、草街、土场、双凤、小沔、双槐、三汇、太和、渭沱等镇（街道）。高风险区主要分布在大石、龙凤、二郎、三庙、隆兴、古楼、盐井、铜溪、钱塘、云门、官渡、清平、狮滩、涞滩、香龙等乡镇（街道）。一般风险区主要分布在燕窝、龙市、肖家、沙鱼等乡镇（街道）。

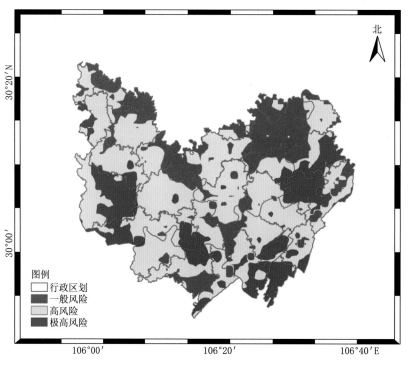

图 3.12.1　合川区雷电灾害风险区划图

3.13　永川区雷电灾害风险区划

永川区年平均雷电次数 5303 次，雷电活动月分布呈单峰型，主要集中在 4—9 月，占全年雷电活动的 97.4%；高发期为 7—8 月，占全年雷电活动的 60.9%；低发期为 12 月至次年 2 月。雷电活动日变化呈单峰型，集中在 18 时至次日 03 时，占全天总数的 77.6%，02 时达到峰值。雷电以负闪为主，占 96.8%。雷电电流强度主要集中在 15 ～ 55 kA，占雷电总数的 82.4%。年平均雷电密度 3.36 次 / （km² · a），南部较高，其次是北部及西部（图 3.13.1）。

永川区雷电灾害极高风险区域主要分布在南大街、中山路、吉安、五间、仙龙、何埂、宝峰、来苏、大安等乡镇（街道）。高风险区主要分布在胜利路、茶山竹海、板桥、金龙、陈食、卫星湖、红炉、青峰、松溉、双石等镇（街道）。一般风险区主要分布在三教、临江、朱沱、永荣等镇。

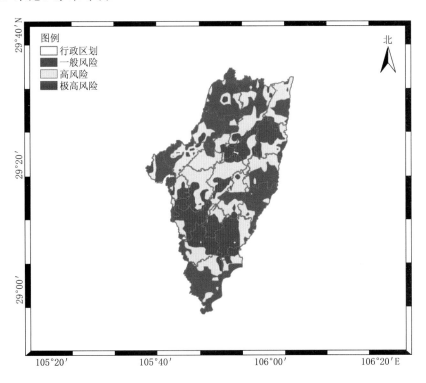

图 3.13.1　永川区雷电灾害风险区划图

3.14　南川区雷电灾害风险区划

南川区年平均雷电次数 5676 次，雷电活动月分布呈单峰型，主要集中在 4—9 月，占全年雷电活动的 95.9%；高发期为 7—8 月，占全年雷电活动的 60%；低发期为 12 月至次年 2 月，占全年雷电活动的 0.33%。雷电活动日变化呈单峰型，集中在 14—19 时，占全天总数的 50%，16 时达到峰值。雷电以负闪为主，占 96.4%。雷电电流强度主要集中在 15 ～ 55 kA，占雷电总数的 80.9%。年平均雷电密度 2.19 次 / （km² · a），北部较高，其次是西部（图 3.14.1）。

南川区雷电灾害极高风险区域主要分布在西城、东城、南城、南平、水江、太平场、乾丰、石溪、冷水关、石墙、峰岩、骑龙、神童等乡镇（街道）。高风险区主要分布在鸣玉、兴隆、白沙、黎香湖、河图、民主、大观、木凉、楠竹山、石莲、三泉、山王坪、金山、头渡、德隆、福寿、中桥等乡镇。一般风险区主要分布在大有、庆元、古花、合溪等镇。

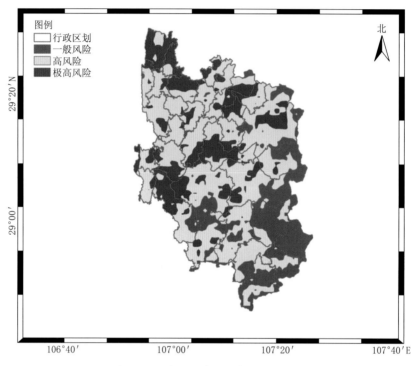

图 3.14.1　南川区雷电灾害风险区划图

3.15　綦江区^①雷电灾害风险区划

綦江区年平均雷电次数 6315 次，雷电活动月分布呈单峰型，主要集中在 4—9 月，占全年雷电活动的 95.1%；高发期为 7—8 月，占全年雷电活动的 62.5%；低发期为 12 月至次年 2 月，占全年雷电活动的 0.33%。雷电活动日变化呈单峰型，集中在 15—20 时，占全天总数的 52%，18 时达到峰值。雷电以负闪为主，占 96.4%。雷电电流强度主要集中在 $10 \sim 60$ kA，占雷电总数的 85.8%。年平均雷电密度 2.3 次 /（km^2·a），中部较高，其次是西部及北部（图 3.15.1）。

綦江区雷电灾害极高风险区域主要分布在古南、文龙、三江、新盛、横山、三角、石角、篆塘、郭扶、东溪等镇（街道）。高风险区主要分布在永新、永城、扶欢、赶水、安

---

① 不含万盛经济技术开发区。

稳、打通等镇。一般风险区主要分布在隆盛、中峰、丁山、石壕等镇。

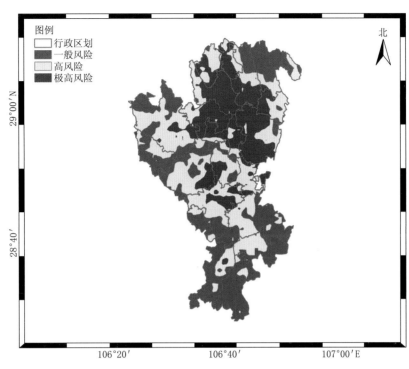

图 3.15.1　綦江区雷电灾害风险区划图

3.16　大足区雷电灾害风险区划

大足区年平均雷电次数 5038 次，雷电活动月分布呈单峰型，主要集中在 4—9 月，占全年雷电活动的 97.9%；高发期为 7—8 月，占全年雷电活动的 62.1%；低发期为 12 月至次年 2 月。雷电活动日变化呈单峰型，集中在 22 时至次日 04 时，占全天总数的 55.7%，00 时达到峰值。雷电以负闪为主，占 97.3%。雷电电流强度主要集中在 15～50 kA，占所有雷电的 80%。年平均雷电密度 3.51 次 /（km²·a），西部较高，其次是南部（图 3.16.1）。

大足区雷电灾害极高风险区域主要分布在龙滩子、双路、铁山、季家、石马、龙水、邮亭、玉龙等镇（街道）。高风险区主要分布在棠香、龙岗、通桥、智凤、中敖、高升、国梁、雍溪、古龙、万古、拾万、珠溪、金山、龙石、高坪等镇。一般风险区主要分布在宝顶、回龙、宝兴、三驱等镇。

3.17　璧山区雷电灾害风险区划

璧山区年平均雷电次数 2879 次，雷电活动月分布呈单峰型，主要集中在 4—9 月，占

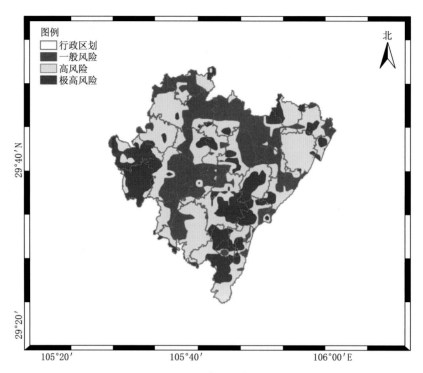

图 3.16.1   大足区雷电灾害风险区划图

全年雷电活动的 95.4%；高发期为 7—8 月，占全年雷电活动的 59.5%；低发期为 12 月至次年 2 月，占全年雷电活动的 0.03%。雷电活动日变化呈单峰型，集中在 19 时至次日 03 时，占全天总数的 63%，03 时达到峰值。雷电以负闪为主，占 97.4%。雷电电流强度主要集中在 15 ～ 50 kA，占雷电总数的 80%。年平均雷电密度 3.15 次 /（km²·a），东南部较高，其次是西南部，北部则相对较低（图 3.17.1）。

璧山区雷电灾害极高风险区域主要分布在璧城、璧泉、丁家、青杠、大兴、八塘、三合等镇（街道）。高风险区主要分布在来凤、七塘、河边、福禄、正兴、健龙、广谱等镇。一般风险区主要分布在大路街道。

3.18   铜梁区雷电灾害风险区划

铜梁区年平均雷电次数 4175 次，雷电活动月分布呈单峰型，主要集中在 4—9 月，占全年雷电活动的 96.2%；高发期为 7—8 月，占全年雷电活动的 80.4%；低发期为 12 月至次年 2 月。雷电活动日变化呈单峰型，集中在 20 时至次日 04 时，占全天总数的 61%，02 时达到峰值。雷电以负闪为主，占 97.4%。雷电电流强度主要集中在 15 ～ 55 kA，占雷电总数的 82.3%。年平均雷电密度 3.1 次 /（km²·a），北部较高，其次是南部及中部（图 3.18.1）。

图 3.17.1 璧山区雷电灾害风险区划图

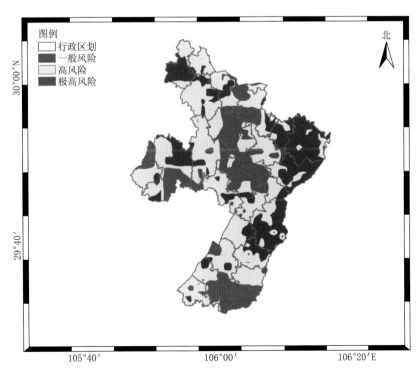

图 3.18.1 铜梁区雷电灾害风险区划图

铜梁区雷电灾害极高风险区域主要分布在巴川、南城、白羊、太平、平滩、安溪、永嘉等乡镇（街道）。高风险区主要分布在东城、高楼、安居、少云、侣俸、双山、小林、土桥、庆隆、石鱼、福果、大庙、围龙、华兴、西河、水口等乡镇（街道）。一般风险区主要分布在旧县、蒲吕、维新、二坪、虎峰等镇（街道）。

3.19　潼南区雷电灾害风险区划

潼南区年平均雷电次数 4349 次，雷电活动月分布呈单峰型，主要集中在 4—9 月，占全年雷电活动的 97.2%；高发期为 7—8 月，占全年雷电活动的 67%；低发期为 12 月至次年 2 月。雷电活动日变化呈单峰型，集中在 22 时至次日 05 时，占全天总数的 58.6%，00时达到峰值。雷电以负闪为主，占 97.5%。雷电电流强度主要集中在 10～60 kA，占雷电总数的 83.1%。年平均雷电密度 2.74 次 /（km^2•a），南部较高，其次是东部（图 3.19.1）。

潼南区雷电灾害极高风险区域主要分布在桂林、梓潼、古溪、田家、新胜、塘坝、卧佛、五桂等镇（街道）。高风险区主要分布在龙形、寿桥、小渡、太安、别口、玉溪、米心、宝龙、群力等镇。一般风险区主要分布在崇龛、柏梓、双江、花岩、上和等镇。

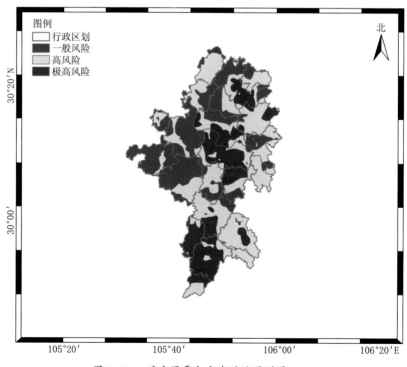

图 3.19.1　潼南区雷电灾害风险区划图

3.20 荣昌区雷电灾害风险区划

荣昌区年平均雷电次数 5554 次，雷电活动月分布呈单峰型，主要集中在 4—9 月，占全年雷电活动的 96.1%；高发期为 7—8 月，占全年雷电活动的 64.7%；低发期为 12 月至次年 2 月。雷电活动日变化呈单峰型，集中在 19 时至次日 03 时，占全天总数的 72.8%，00 时达到峰值。雷电以负闪为主，占 97.3%。雷电电流强度主要集中在 15～55 kA，占雷电总数的 85.9%。年平均雷电密度 5.16 次 /（km² · a），中部较高，其次是南部（图 3.20.1）。

荣昌区雷电灾害极高风险区域主要分布在昌州、双河、仁义、荣隆、河包、清流等镇（街道）。高风险区主要分布在昌元、安富、广顺、远觉、观胜、古昌、万灵、清江、清升等镇（街道）。一般风险区主要分布在峰高、直升、龙集、盘龙、铜鼓、吴家等镇（街道）。

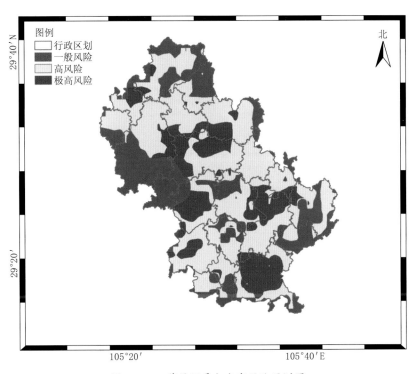

图 3.20.1 荣昌区雷电灾害风险区划图

3.21 开州区雷电灾害风险区划

开州区年平均雷电次数 8627 次，雷电活动月分布呈单峰型，主要集中在 4—9 月，占全年雷电活动的 92.3%；高发期为 7—8 月，占全年雷电活动的 57%；低发期为 12 月至次年 2 月。雷电活动日变化呈双峰型，集中在 15—18 时和 23 时至次日 05 时，占全天总数的 60%，16 时达到峰值。雷电以负闪为主，占 94.2%。雷电电流强度主要集中在 10 ～ 60 kA，占雷电总数的 87.2%。年平均雷电密度 2.18 次 /（km²·a），西南部较高，其次是西部地区（图 3.21.1）。

　　开州区雷电灾害极高风险区域主要分布在丰乐、义和、三汇口、岳溪、五通、南门等乡镇（街道）。高风险区主要分布在汉丰、文峰、云枫、镇东、白鹤、赵家、大德、镇安、厚坝、温泉、郭家、白桥、和谦、河堰、大进、谭家、敦好、白泉、高桥、麻柳、紫水、九龙山、中和、临江、竹溪、铁桥、南雅、巫山、长沙等乡镇（街道）。一般风险区主要分布在金峰、满月、关面、天和、渠口等乡镇。

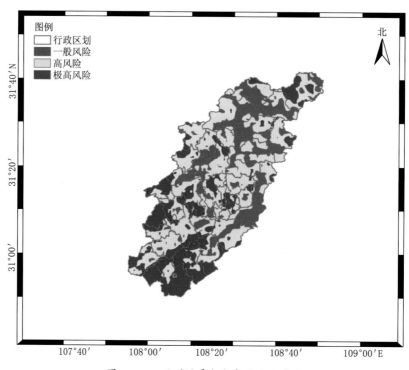

图 3.21.1　开州区雷电灾害风险区划图

3.22　梁平区雷电灾害风险区划

　　梁平区年平均雷电次数 5248 次，雷电活动月分布呈单峰型，主要集中在 4—9 月，占全年雷电活动的 94.1%；高发期为 7—8 月，占全年雷电活动的 55.7%；低发期为 12 月至次年 2 月。雷电活动日变化呈单峰型，集中在 01—06 时，占全天总数的 45%，06 时达到峰值。雷电以负闪为主，占 95.7%。雷电电流强度主要集中在 10 ～ 60 kA，占雷电总数的 85.9%。年平均雷电密度 2.78 次 /（km²·a），中部较高，其次是东北部及西北部（图 3.22.1）。

　　梁平区雷电灾害极高风险区域主要分布在梁山、双桂、云龙、屏锦、金带、聚奎、荫平、和林、龙门、文化等镇（街道）。高风险区主要分布在仁贤、礼让、袁驿、新盛、福禄、回龙、合兴、柏家、大观、竹山、蟠龙、安胜、星桥、曲水、复平、紫照、铁门等乡镇。一般风险区主要分布在明达、碧山、虎城、七星、石安、龙胜等乡镇。

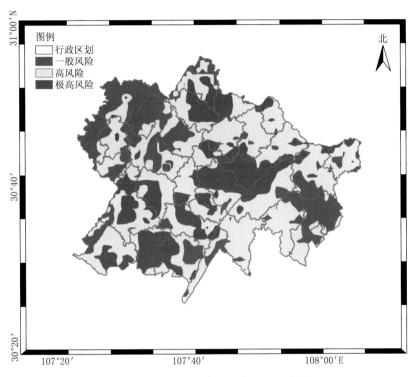

图 3.22.1　梁平区雷电灾害风险区划图

3.23　武隆区雷电灾害风险区划

　　武隆区年平均雷电次数 5074 次，雷电活动月分布呈单峰型，主要集中在 4—9 月，占全年雷电活动的 93.9%；高发期为 7—8 月，占全年雷电活动的 56.6%；低发期为 12 月至次年 2 月，占全年雷电活动的 0.53%。雷电活动日变化呈双峰型，集中在 01—05 时和 14—18 时，占全天总数的 61.1%，18 时达到峰值。雷电以负闪为主，占总数的 95.5%。雷电电流强度主要集中在 15 ～ 55 kA，占雷电总数的 81.9%。年平均雷电密度 1.75 次 /（km² • a），西北部较高，其次是东南部（图 3.23.1）。

　　武隆区雷电灾害极高风险区域主要分布在凤来、庙垭、鸭江、平桥、和顺、后坪、桐梓、浩口、石桥等乡镇。高风险区主要分布在芙蓉、白云、大洞河、白马、赵家、文复、江口、双河、仙女山、火炉、土地、沧沟、接龙等乡镇（街道）。一般风险区主要分布在凤山、长坝、黄莺、土坎、羊角等乡镇（街道）。

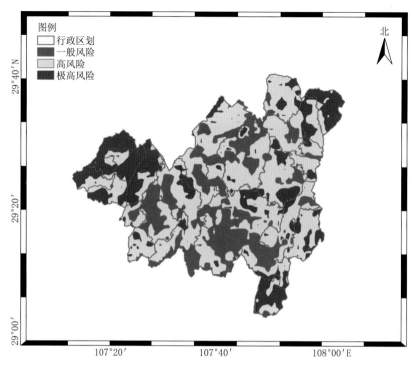

图 3.23.1　武隆区雷电灾害风险区划图

3.24　城口县雷电灾害风险区划

城口县年平均雷电次数 2879 次，雷电活动月分布呈单峰型，主要集中在 4—9 月，占全年雷电活动的 95%；高发期为 7—8 月，占全年雷电活动的 59%；低发期为 12 月至次年 2 月，占全年雷电活动的 0.14%。雷电活动日变化呈单峰型，集中在 14—19 时，占全天总数的 50%，16 时达到峰值。雷电以负闪为主，占 90%。雷电电流强度主要集中在 15～50 kA，占所有雷电的 73%。年平均雷电密度 0.88 次 /（km^2·a），南部较高，其次是城口县城及周边（图 3.24.1）。

城口县雷电灾害极高风险区域主要分布在葛城、复兴、修齐、蓼子、治平、鸡鸣、咸宜等乡镇（街道）。高风险区主要分布在双河、周溪、明通、明中、厚坪、东安、高观、修齐、龙田、高燕、庙坝、巴山、岚天、北屏等乡镇。一般风险区主要分布在左岚、高楠、坪坝、沿河、河鱼等乡镇。

3.25　丰都县雷电灾害风险区划

丰都县年平均雷电次数 7078 次，雷电活动月分布呈单峰型，主要集中在 4—9 月，占

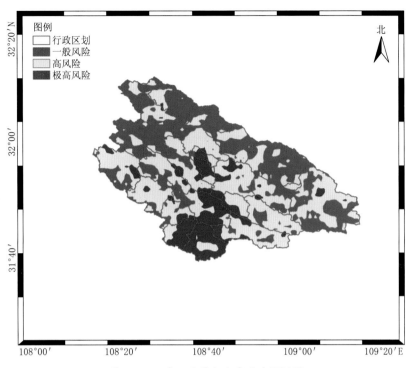

图 3.24.1　城口县雷电灾害风险区划图

全年雷电活动的 93.9%；高发期为 7—8 月，占全年雷电活动的 57.3%；低发期为 12 月至次年 2 月，占全年雷电活动的 0.18%。雷电活动日变化呈双峰型，集中在 00—03 时和 15—19 时，占全天总数的 62.3%，17 时达到峰值。雷电以负闪为主，占 96%。雷电电流强度主要集中在 15～50 kA，占雷电总数的 82.6%。年平均雷电密度 2.44 次 /（km² · a），西北部较高，其次是西南部（图 3.25.1）。

丰都县雷电灾害极高风险区域主要分布在三合、许明寺、青龙、双龙、保合、十直、龙孔、虎威、名山、兴义、双路、包鸾、武平、太平坝等乡镇（街道）。高风险区主要分布在董家、三元、仁沙、兴龙、树人、高家、湛普、江池、龙河、栗子、暨龙、都督、南天湖等乡镇（街道）。一般风险区主要分布在社坛、仙女湖、三建等乡镇。

3.26　垫江县雷电灾害风险区划

垫江县年平均雷电次数 4492 次，雷电活动月分布呈单峰型，主要集中在 4—9 月，占全年雷电活动的 93.9%；高发期为 7—8 月，占全年雷电活动的 54.1%；低发期为 12 月至次年 2 月，占全年雷电活动的 0.15%。雷电活动日变化呈单峰型，集中在 00—06 时，占全天总数的 50%，04 时达到峰值。雷电以负闪为主，占 96.4%。雷电电流强度主要集中在 10～50 kA，占雷电总数的 81.9%。年平均雷电密度 2.96 次 /（km² · a），东北部较高，其次是西南部及东南部（图 3.26.1）。

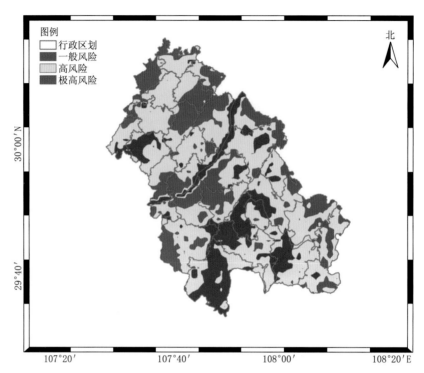

图 3.25.1　丰都县雷电灾害风险区划图

图 3.26.1　垫江县雷电灾害风险区划图

垫江县雷电灾害极高风险区域主要分布在桂溪、周嘉、沙坪、新民、太平、澄溪、杠家、大石、砚台、坪山、沙河等乡镇（街道）。高风险区主要分布在桂阳、曹回、长龙、高安、黄沙、高峰、五洞、永平、包家、白家、三溪、鹤游等镇（街道）。一般风险区主要分布在普顺、永安、裴兴等镇。

3.27　忠县雷电灾害风险区划

忠县年平均雷电次数 6665 次，雷电活动月分布呈单峰型，主要集中在 4—9 月，占全年雷电活动的 91.9%；高发期为 7—8 月，占全年雷电活动的 58.2%；低发期为 12 月至次年 2 月。雷电活动日变化呈双峰型，集中在 00—04 时和 14—18 时，占全天总数的 63.7%，03 时达到峰值。雷电以负闪为主，占总数的 96.1%。雷电电流强度主要集中在 10 ~ 50 kA，占雷电总数的 82.6%。年平均雷电密度 3.05 次 /（km² • a），南部较高，其次是中部（图 3.27.1）。

忠县雷电灾害极高风险区域主要分布在乌杨、石子、洋渡、磨子、双桂、新立、拔山、永丰、白石、黄金等乡镇（街道）。高风险区主要分布在忠州、白公、新生、东溪、野鹤、石宝、涂井、金声、石黄、官坝、马灌、花桥、善广、任家、兴峰等乡镇（街道）。一般风险区主要分布在金鸡、汝溪、三汇、复兴等镇。

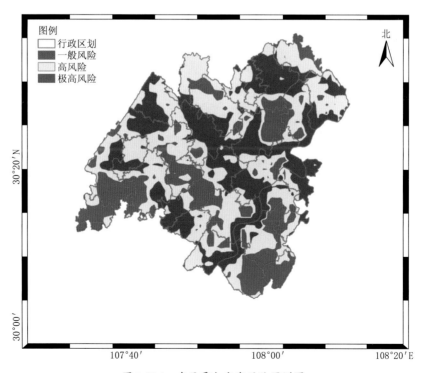

图 3.27.1　忠县雷电灾害风险区划图

3.28　云阳县雷电灾害风险区划

云阳县年平均雷电次数 9760 次，雷电活动月分布呈单峰型，主要集中在 4—9 月，占全年雷电活动的 92.1%；高发期为 7—8 月，占全年雷电活动的 59.4%；低发期为 12 月至次年 2 月，占全年雷电活动的 0.38%。雷电活动日变化呈双峰型，集中在 15—18 时和 22时至次日 04 时，占全天总数的 63%，16 时达到峰值。雷电以负闪为主，占总数的 95.2%。雷电电流强度主要集中在 10 ~ 50 kA，占雷电总数的 85.1%。年平均雷电密度 2.68 次 /（km^2·a），南部较高，其次是西部（图 3.28.1）。

云阳县雷电灾害极高风险区域主要分布在双江、人和、盘龙、黄石、水口、平安、巴阳、凤鸣、宝坪、普安、泥溪、蔈草等乡镇（街道）。高风险区主要分布在青龙、农坝、上坝、后叶、江口、沙市、桑坪、双土、大阳、石门、鹿洞、红狮、云阳、路阳、南溪、高阳、栖霞、龙角、新乡、故陵、堰坪、清水、耀灵、新津、外郎等乡镇（街道）。一般风险区主要分布在鱼泉、双龙、渠马、养鹿、云安、龙洞等乡镇。

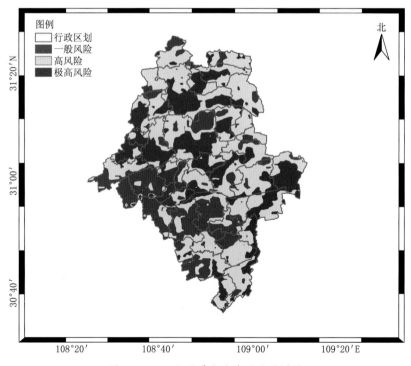

图 3.28.1　云阳县雷电灾害风险区划图

3.29 奉节县雷电灾害风险区划

奉节县年平均雷电次数 7482 次，雷电活动月分布呈单峰型，主要集中在 4—9 月，占全年雷电活动的 92.5%；高发期为 7—8 月，占全年雷电活动的 53.8%；低发期为 12 月至次年 2 月，占全年雷电活动的 1.6%。雷电活动日变化呈双峰型，集中在 02—05 时和 14—18 时，占全天总数的 54%，17 时达到峰值。雷电以负闪为主，占 94.3%。雷电电流强度主要集中在 15 ～ 50 kA，占雷电总数的 84.2%。年平均雷电密度 1.83 次 /（km² · a），西南部较高，其次是东北部及西北部（图 3.29.1）。

奉节县雷电灾害极高风险区域主要分布在夔门、鱼复、永安、吐祥、红土、公平、竹园等乡镇（街道）。高风险区主要分布在平安、青莲、大树、康乐、朱衣、五马、甲高、羊市、新民、青龙、云雾、太和、兴隆、龙桥、公平、康坪、石岗、新政、冯坪、汾河、岩湾等乡镇。一般风险区主要分布在草堂、白帝、永乐、鹤峰、长安、安坪等乡镇。

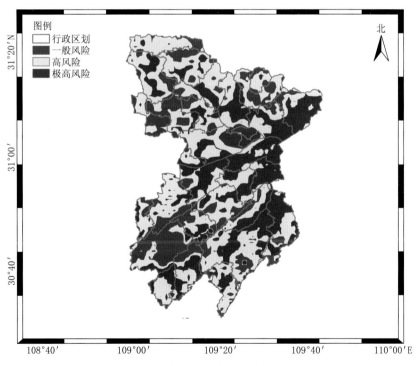

图 3.29.1 奉节县雷电灾害风险区划图

3.30 巫山县雷电灾害风险区划

巫山县年平均雷电次数 4428 次，雷电活动月分布呈单峰型，主要集中在 4—9 月，占全年雷电活动的 93.7%；高发期为 7—8 月，占全年雷电活动的 55%；低发期为 12 月至次年 2 月，占全年雷电活动的 0.93%。雷电活动日变化呈单峰型，集中在 15—21 时，占全天总数的 43%，16 时达到峰值。雷电以负闪为主，占总数的 93.6%。雷电电流强度主要集中在 10 ～ 50 kA，占雷电总数的 84.8%。年平均雷电密度 1.5 次 /（km² • a），东南部较高，其次是东部（图 3.30.1）。

巫山县雷电灾害极高风险区域主要分布在龙门、高唐、抱龙、笃坪、建平、邓家、骡坪、竹贤、两坪、三溪、巫峡、福田、龙溪等乡镇（街道）。高风险区主要分布在官阳、平河、金坪、双龙、大昌、官渡、铜鼓、庙宇、红椿等乡镇。一般风险区主要分布在当阳、大溪、曲尺、培石等乡镇。

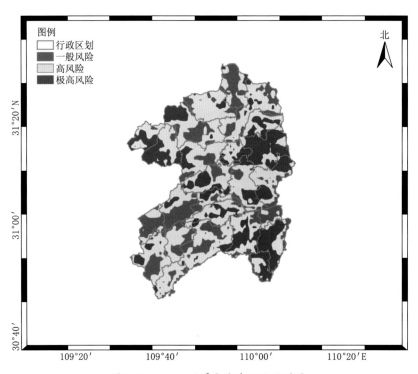

图 3.30.1   巫山县雷电灾害风险区划图

3.31   巫溪县雷电灾害风险区划

巫溪县年平均雷电次数 5102 次，雷电活动月分布呈单峰型，主要集中在 4—9 月，占全年雷电活动的 92.9%；高发期为 7—8 月，占全年雷电活动的 68%；低发期为 12 月至次年 2 月，占全年雷电活动的 0.18%。雷电活动日变化呈双峰型，集中在 15—18 时和 22 时至次日 01 时，占全天总数的 52%，17 时达到峰值。雷电以负闪为主，占 91.4%。雷电电流强度主要集中在 10 ～ 50 kA，占雷电总数的 84.5%。年平均雷电密度 1.27 次 /（km² • a），南部较高，其次是中部及西部（图 3.31.1）。

巫溪县雷电灾害极高风险区域主要分布在柏杨、宁河、蒲莲、上磺、古路、塘坊、灵峰、花台、通城、宁厂、胜利、长桂、文峰、朝阳、尖山、田坝、红池坝、中岗等乡镇（街道）。高风险区主要分布在兰英、双阳、城厢、凤凰、大河、下堡、中梁、乌龙、天元等乡镇。一般风险区主要分布在土城、鱼鳞、徐家、白鹿、天星等乡镇。

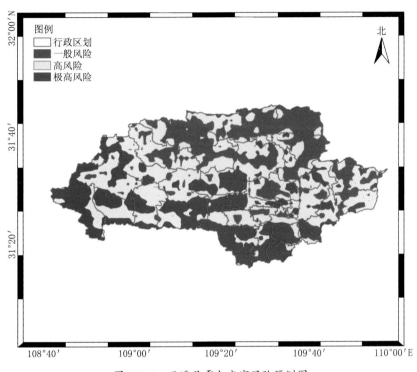

图 3.31.1 巫溪县雷电灾害风险区划图

3.32 石柱县雷电灾害风险区划

石柱县年平均雷电次数 7495 次，雷电活动月分布呈单峰型，主要集中在 4—9 月，占全年雷电活动的 92.5%；高发期为 7—8 月，占全年雷电活动的 56.4%；低发期为 12 月至次年 2 月，占全年雷电活动的 0.24%。雷电活动日变化呈单峰型，集中在 13—18 时，占全天总数的 42.5%，15 时达到峰值。雷电以负闪为主，占 95.8%。雷电电流强度主要集中在 $10 \sim 50\ \mathrm{kA}$，占雷电总数的 84.9%。年平均雷电密度 2.49 次 /（$\mathrm{km}^2 \cdot \mathrm{a}$），西部较高，其次是中部和南部（图 3.32.1）。

石柱县雷电灾害极高风险区域主要分布在南宾、万安、下路、大歇、三星、沙子、龙潭、马武等乡镇（街道）。高风险区主要分布在西沱、鱼池、万朝、石家、悦崃、黄水、枫木、三河、龙沙、中益、六塘、黄鹤等乡镇。一般风险区主要分布在河嘴、临溪、王家、黎场、王场、沿溪、冷水、金铃、金竹、新乐、洗新、桥头、三益等乡镇。

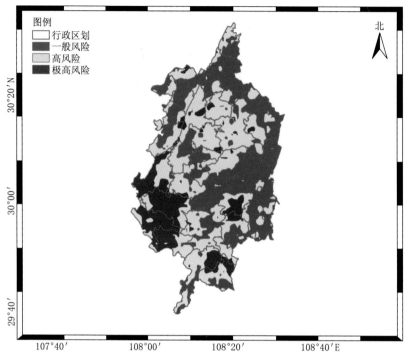

图 3.32.1   石柱县雷电灾害风险区划图

3.33   秀山县雷电灾害风险区划

秀山县年平均雷电次数 2774 次，雷电活动月分布呈单峰型，主要集中在 4—9 月，占全年雷电活动的 94.9%；高发期为 7—8 月，占全年雷电活动的 50.3%；低发期为 12 月至次年 2 月，占全年雷电活动的 0.96%。雷电活动日变化呈单峰型，集中在 15—21 时，占全天总数的 45.3%，17 时达到峰值。雷电以负闪为主，占总数的 94.9%。雷电电流强度主要集中在 20 ~ 70 kA，占雷电总数的 82.3%。年平均雷电密度 1.13 次 /（km² · a），东北部较高，其次是西南部（图 3.33.1）。

秀山县雷电灾害极高风险区域主要分布在中和、乌杨、大溪、平凯、石堤、海洋、妙泉、龙池、涌洞、洪安、官庄、溶溪、隘口、兰桥等乡镇（街道）。高风险区主要分布在宋农、里仁、溪口、膏田、石耶、清溪场、钟灵、梅江、雅江、峨溶等乡镇。一般风险区主要分布在孝溪、岑溪、中平等乡镇。

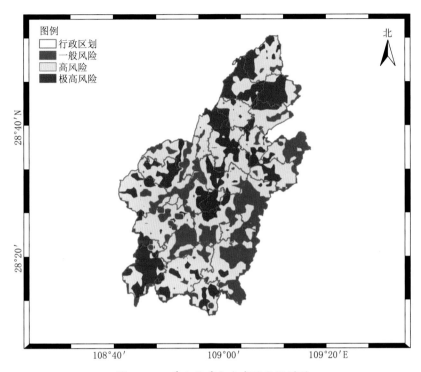

图 3.33.1　秀山县雷电灾害风险区划图

3.34　酉阳县雷电灾害风险区划

　　酉阳县年平均雷电次数 9504 次，雷电活动月分布呈单峰型，主要集中在 4—9 月，占全年雷电活动的 92.4%；高发期为 7—8 月，占全年雷电活动的 47.1%；低发期为 12 月至次年 2 月，占全年雷电活动的 1.02%。雷电活动日变化呈单峰型，集中在 21 时至次日 05时，占全天总数的 53%，22 时达到峰值。雷电以负闪为主，占总数的 95.4%。雷电电流强度主要集中在 15 ～ 65 kA，占雷电总数的 86.6%。年平均雷电密度 1.84 次 /（km^2 • a），西北部较高，其次是东北部（图 3.34.1）。

　　酉阳县雷电灾害极高风险区域主要分布在桃花源、钟多、兴隆、车田、五福、大溪、西酬、腴地、涂市、铜鼓、丁市、宜居、天馆、龚滩等乡镇。高风险区主要分布在木叶、毛坝、泔溪、偏柏、可大、酉水河、麻旺、龙潭、黑水、双泉、浪坪、苍岭、庙溪、两罾、后坪坝、万木、清泉等乡镇。一般风险区主要分布在小河、板桥、官清、李溪、楠木、板溪、南腰界等乡镇。

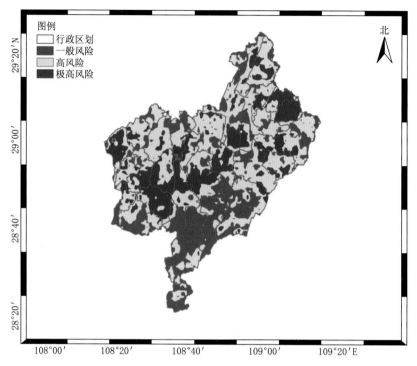

图 3.34.1　酉阳县雷电灾害风险区划图

3.35　彭水县雷电灾害风险区划

彭水县年平均雷电次数 8636 次，雷电活动月分布呈单峰型，主要集中在 4—9 月，占全年雷电活动的 93.3%；高发期为 7—8 月，占全年雷电活动的 58%；低发期为 12 月至次年 2 月，占全年雷电活动的 0.82%。雷电活动日变化呈双峰型，集中在 01—06 时和 16—21 时，占全天总数的 70%，18 时达到峰值。雷电以负闪为主，占 96%。雷电电流强度主要集中在 15 ～ 55 kA，占雷电总数的 80.9%。年平均雷电密度 2.21 次 /（km²•a），东南较高，其次是南部（图 3.35.1）。

彭水县雷电灾害极高风险区域主要分布在汉葭、绍庆、靛水、三义、棣棠、龙射、平安、联合、石柳、龙溪、大同、桑柘、万足、石盘、龙塘、芦塘等乡镇（街道）。高风险区主要分布在高谷、连湖、太原、普子、郁山、走马、乔梓、长生、润溪、黄家、鹿鸣、诸佛、桐楼等乡镇。一般风险区主要分布在保家、新田、黄家、鹿角、鞍子、梅子桠、善感、双龙、郎溪、岩东、大垭等乡镇。

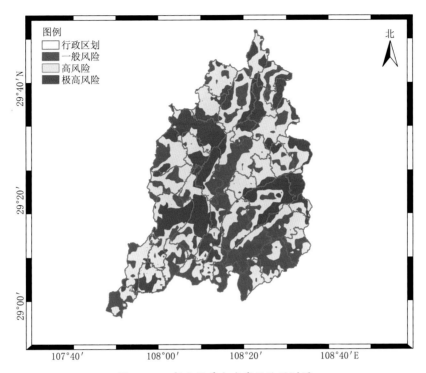

图 3.35.1 彭水县雷电灾害风险区划图

3.36 万盛经济技术开发区雷电灾害风险区划

万盛经济技术开发区（以下简称万盛经开区）年平均雷电次数 1557 次，雷电活动月分布呈单峰型，主要集中在 4—9 月，占全年雷电活动的 97.1%；高发期为 7—8 月，占全年雷电活动的 70%；低发期为 12 月至次年 2 月。雷电活动日变化呈单峰型，集中在 15—19 时，占全天总数的 60.6%，18 时达到峰值。雷电以负闪为主，占 97.5%。雷电电流强度主要集中在 15～55 kA，占雷电总数的 80.9%。年平均雷电密度 2.75 次 /（km² • a），西南部较高，其次是北部（图 3.36.1）。

万盛经开区雷电灾害极高风险区域主要分布在东林、青年、金桥、黑山等镇（街道）。高风险区主要分布在万盛、万东、丛林、南桐、关坝、石林等镇（街道）。一般风险区主要分布在黑山镇东部、石林镇东部等地。

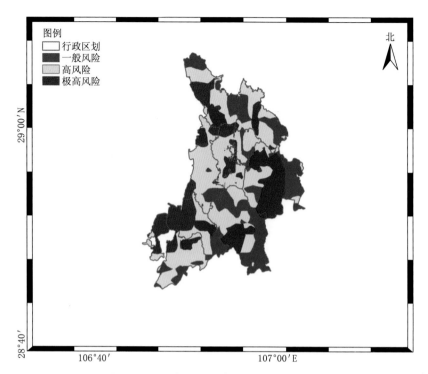

图 3.36.1　万盛经开区雷电灾害风险区划图

参考书目及资料

安徽省气象局，2018．雷电灾害风险区划技术指南［S］．QX/T 405—2017．北京：气象出版社．

陈家宏，冯万兴，王海涛，等，2007．雷电参数统计方法［J］．高电压技术（10）：6-10．

陈家宏，郑家松，冯万兴，等，2006．雷电日统计方法［J］．高电压技术（11）：115-118．

陈渭民，2003．雷电学原理［M］．北京：气象出版社．

丁美新，李慧峰，朱子述，等，2002．雷电流波形的数学模型及频谱仿真［J］．高电压技术（06）：8-10．

樊灵孟，李志峰，何宏明，等，2004．雷电定位系统定位误差分析［J］．高电压技术（07）：61-63．

弗拉迪米尔 A．洛可夫，马丁 A．乌曼，2016．雷电［M］．张云峰，吴建兰，译．北京：机械工业出版社．

付晶莹，江东，黄耀欢，2014．中国公里网格人口分布数据集［DB/OL］．全球变化科学研究数据出版系统．DOI：10.3974/geodb.2014.01.06.V1．

郭虎，熊亚军，2008．北京市雷电灾害易损性分析、评估及易损度区划［J］．应用气象学报，19（01）：35-40．

扈海波，王迎春，熊亚军，2010．基于层次分析模型的北京雷电灾害风险评估［J］．自然灾害学报，19（01）：104-109．

黄耀欢，江东，付晶莹，2014．中国公里网格 GDP 分布数据集［DB/OL］．全球变化科学研究数据出版系统．DOI：10.3974/geodb.2014.01.07.V1．

李彩莲，赵西社，赵东，等，2008．陕西省雷电灾害易损性分析、评估及易损度区划［J］．灾害学（04）：49-53．

李家启，李良福，2007．雷电灾害典型案例分析［M］．北京：气象出版社．

李家启，秦健，李良福，等，2010．雷电灾害评估及其等级划分［J］．西南大学学报：自然科学版，32（11）：140-144．

李家启，申双和，秦健，等，2011．重庆市雷电灾害易损性风险综合评估与区划［J］．西南大学学报（自然科学版），33（01）：96-102．

李良福，李家启，2008．雷电防护关键技术研究［M］．北京：气象出版社．

李瑞芳，吴广宁，曹晓斌，等，2011．雷电流幅值概率计算公式［J］．电工技术学报，26（04）：161-167．

林建，曲晓波，2008．中国雷电事件的时空分布特征［J］．气象（11）：22-30，129-130．

刘三梅，吕海勇，陈绍东，等，2014．广东省雷电风险区划研究［J］．资源科学，36（11）：2337-2344．

马明，吕伟涛，张义军，等，2008a．1997—2006年我国雷电灾情特征［J］．应用气象学报（04）：393-400．

马明，吕伟涛，张义军，等，2008b．我国雷电灾害及相关因素分析［J］．地球科学进展（08）：856-865．

马启明，2009．中国雷电监测报告（2008）［M］．北京：气象出版社．

王国华，2013．杭州市气象灾害风险区划（下册）［M］．北京：气象出版社．

王惠，邓勇，尹丽云，等，2007．云南省雷电灾害易损性分析及区划［J］．气象（12）：83-87．

王巨丰，齐冲，车诒颖，等，2007．雷电流最大陡度及幅值的频率分布［J］．中国电机工程学报（03）：106-110．

吴安坤，2018．贵州省雷电灾害风险评价与区划研究［J］．中国农业资源与区划，39（02）：88-93．

吴孟恒，2009．雷电灾害风险评估技术［M］．北京：气象出版社．

许小峰，2003．国外雷电监测和预报研究［M］．北京：气象出版社．

杨仲江，2010．雷电灾害风险评估与管理基础［M］．北京：气象出版社．

张义军，陶善昌，马明，2009．雷电灾害［M］．北京：气象出版社．

章国材，2010．气象灾害风险评估与区划方法［M］．北京：气象出版社．

周后福，2010．安徽省雷电监测预报及风险评估［M］．合肥：中国科学技术大学出版社．

周筠珺，2015．雷电监测与预警技术［M］．北京：气象出版社．

朱涯，鲁韦坤，余凌翔，等，2017．玉溪市雷电灾害风险区划研究［J］．中国农业资源与区划，38（11）：159-164．

ELAHI H，SUBLICH M，ANDERSON M E，et al，1990. Lightning overvoltage protection of the Paddock 362-145 kV gas-insulated substation［J］. IEEE Transactions on Power Delivery，5（1）：144-150.

TOBIAS J M，2004. The basis of conventional lightning protection systems ［J］. IEEE Transactions on Industry Applications，40（4）：958-962.